Agosto del 2017

LULU
PRESS

Tecnología y otras hierbas

Gustavo Arias | arepa herald

Tecnología y otras hierbas

Gustavo Arias

Título: Tecnología y otras hierbas

Autor: Gustavo Arias

Twitter: @gustabin

Primera edición Agosto de 2017

ISBN #: 978-1-387-13489-2

Dedicatoria

A cada uno de los que sueñan firmemente en alcanzar sus metas. En especial a los que pelean para lograrlo. Cuando digo pelean me refiero a dejar el aliento, con sudor, lagrimas y sangre. Este libro es para ellos.

Gustavo Arias

Si la biblia tiene razón y la ciencia está equivocada no lo discutiremos en esta obra aquí mostraremos los avances tecnológicos que tenemos en nuestro mundo mostrando aparatos y otras hierbas que hoy en día forman parte de nuestra vida cotidiana.

De cualquier forma aunque parezcan muy avanzadas algunas tencologías en poco tiempo pasaran a la obsolecencia unas mucho antes que otras pero en fin el ingenio, la colaboración y la tenacidad de sus creadores de una u otra forma nos podrán poner a debatir en las cosas estrictamente técnicas que ahora existen.

Contenido

Introducción

Desde que nos despertamos convivimos con la tecnología de una u otra forma. Cuantos de nosotros nos sentimos como si nos faltara alguna extremidad si no tenemos nuestro celular encima. Ya no solo nos comunicamos con ellos sino que dependemos de ellos como herramienta de trabajo y hasta centro de entretenimiento. Existe un sin fin de aplicaciones que nos facilitan la vida y gracias a ellas y a los avances de la ciencia nos hemos involucrado dentro del mundo digital y multimedia siendo protagonistas muchas veces como usuarios o generadores de contenido, entes repetidores y seguidores.

Esta obra es un compendio de los avances que rápidamente han venido a conquistar este mercado y se ha realizado una selección de los más relevantes a fin de compartirla de una forma sencilla y en un lenguaje que pueda ser comprendido por todos.

Desarrollan casco contra la depresión como nueva tecnología médica.

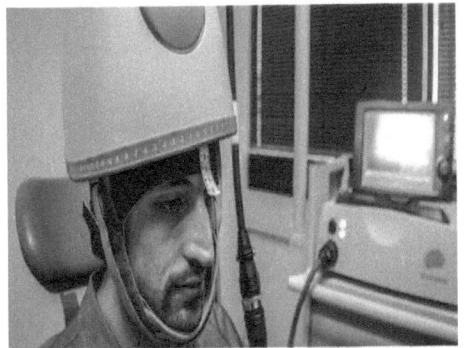

Sobre el diván se encuentra una persona con un casco que se ajusta perfectamente a su cabeza. A un lado, un médico lo observa mientras aprieta un botón que enciende un sofisticado aparato. De pronto, un estruendo invade el consultorio. El paciente comienza a sentir impulsos eléctricos en su cabeza, los dedos de sus manos se mueven y su rostro sufre contracciones involunt arias.

La realidad superó la ficción, no se trata de una película, el aparato existe, es completamente funcional y, de acuerdo con sus creadores, es el avance tecnológico más novedoso para combatir la depresión.

Investigadores del Instituto de Neurociencia, Investigación y Desarrollo Emocional (INCIDE) son pioneros en el uso de esta tecnología israelí llamada Estimulación Magnética Transcraneal Profunda.

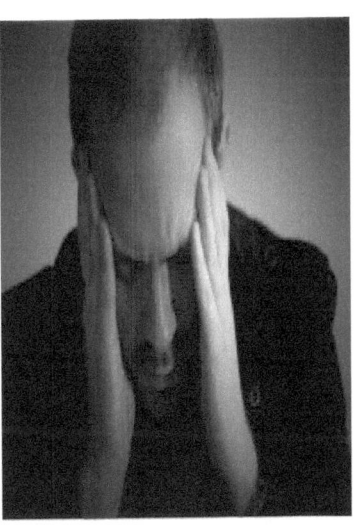

Aseguran que es efectiva contra la depresión diagnosticada y es ideal para quienes abandonan los tratamientos convencionales por falta de tiempo, efectos secundarios y resistencia a los medicamentos.

iPhone: cada vez más cerca del reconocimiento facial.

La huella dactilar podría ser cosa del pasado. Apple parece estar caminando en dirección hacia algo más futurista y moderno como el reconocimiento facial, después de que la agencia Bloomberg se hiciera eco, en 2017, sobre ese nuevo elemento tecnológico a través de una nueva cámara en tres dimensiones para el siguiente iPhone, y que acabaría con la huella dactilar que se introdujo en el modelo 5S como novedad en términos de seguridad.

A eso se suma una patente registrada por la compañía con sede en Cupertino que describe un método que detectaría a un usuario a través de la cámara mientras el teléfono está en "silence mode" y que requeriría de un uso mínimo de su batería. De esta forma, el aparato reaccionaría al reconocer al dueño para volver a activar su pantalla y el resto de sus funciones.

De acuerdo al portal TechCrunch, el sistema usaría tres parámetros: reconocimiento del color de piel, reconocimiento facial y movimiento para saber que se trata, efectivamente, del propietario del teléfono. Las imágenes en la patente parecen inclinarse por una tecnología de uso en computadoras, aunque no se descarta que se pueda emplear en teléfonos.

Se sigue tratando de un rumor dado el secretismo que siempre impera en torno a cualquier producto de Apple. Históricamente ha sido así, aunque la necesidad de novedades también ha estado siempre ligada a su crecimiento en ventas. A falta de datos sobre el último trimestre -se darán a conocer el próximo 1 de agosto-, se sabe que los más recientes resultados no fueron buenos en lo tocante a su producto estrella.

El pasado 2 de mayo, la empresa fundada por Steve Jobs reportó un descenso en el número de iPhone vendidos con respecto a la misma época del año anterior, pasando de 51,2 millones de unidades a 50,8 en los primeros tres meses de 2017. El ligero descenso en la popularidad de sus teléfonos inteligentes se tradujo en el primer declive de sus beneficios desde 2001.

"Estamos viendo lo que creemos que es una pausa en la compra de iPhone, que creemos que se debe a noticias y frecuentes reportes sobre futuros iPhones", indicó entonces Tim Cook, el presidente del gigante tecnológico. De ahí la urgencia de seguir innovando con avances como el reconocimiento facial.

Es un asunto del que se viene hablando desde hace meses. En febrero de 2017, Calcalist, una web israelí especializada en economía, se refirió a la compra de RealFace por parte de Apple, una startup de Sillicon Valley especializada en identificar rostros de forma digital. Parece que por ahí van los tiros.

Supuestos autores del ciberataque Petya piden 250.000 dólares para recuperar todos los archivos infectados.

Tras hacer tambalear a numerosas empresas por un nuevo azote, supuestos responsables del ciberataque masivo por el secuestro de datos o «ransomware» Petya o NotPetya han solicitado el pago de 100 bitcoins, monedas virtuales equivalentes a 250.000 dólares, para desactivar definitivamente el virus informático que afectó a miles de equipos principalmente de Ucrania.

Según ha desvelado el medio «Motherboard», una persona que supuestamente pertenece al grupo de ciberdelincuentes que difundieron el virus informático hace poco, han reinvidicado su autoría en un comunicado difundido a través de la red anónima Tor, que requiere de un navegador especial para acceder. Los supuestos responsables del ciberataque aseguran que Petya logró infectar unas 2.000 computadoras y, aunque el sistema de pago quedó desactivado, se logró recaudar unos 10.000 dólares (8.000 euros), una cifra que ha trascendido por el propietario de la cartera donde se almacenan los bitcoins. Pese a todo, un misterioso grupo se ha ofrecido a desbloquear los equipos afectados y sus archivos bloqueados si se alcanza un pago de unos 250.000 dólares en divisas digitales.

Según la publicación, los bitcoins recibidos se movieron a otra cartera diferente y pocos minutos después, los ciberdelincuentes enviaron dos pequeños pagos a Pastebin y DeepPaste, dos páginas web que permiten publicar códigos de programación online gratuitamente y que, en ocasiones, se utilizan para comunicarse.

Sin embargo, antes que se realizaran ambas donaciones una persona que dice ser miembro del grupo responsable del desarrollo del virus exigió el pago de 100 bitcoins a cambio de difundir la clave privada que supuestamente descifra los archivos cifrados con el «ransomware» NotPetya.

Paradójicamente, los supuestos autores no proporcionaron una dirección de bitcoin donde realizar el pago, pero sí se recoge un método de contacto. Por ahora, se desconoce si realmente se trata de los autores del pasado ciberataque, o si los expertos en seguridad informática consideran que se diseñó más para causar daño que por afán recaudatorio.

El ciberataque global buscaba fundamentalmente atacar organizaciones industriales. Un análisis realizado por la empresa de ciberseguridad Kaspersky Lab ha demostrado que al menos la mitad de los objetivos de este código malicioso o «malware» de cifrado eran empresas de sectores como electricidad, petróleo y gas, transporte o logística.

Tecnología de ondas cerebrales podría facilitar hackeo de contraseñas.

Investigadores realizaron un estudio sobre los equipos de detección de ondas cerebrales y demostraron que se pueden utilizar para elaborar una contraseña de usuario, cuando se están usando para alguna actividad en línea como, por ejemplo, transacciones bancarias.

Los equipos de detección de ondas cerebrales se están volviendo cada vez más populares para controlar juguetes robóticos y videojuegos, pero los expertos en tecnología temen que esta nueva tecnología pueda facilitar la vulneración de contraseñas.

Investigadores de la Universidad de Alabama en Birmingham, EEUU, realizaron un estudio sobre estos dispositivos, también conocidos como auriculares de electroencefalografía (EEG), y demostraron que se pueden utilizar para elaborar una contraseña de usuario, cuando se están usando para alguna actividad en línea como, por ejemplo, transacciones bancarias.

Un auricular EEG rastrea los procesos visuales del usuario y los movimientos de las manos, por lo que los investigadores pidieron a 12 voluntarios que digitaran una serie de contraseñas y PINs generados al azar, mientras usaban el auricular. Entonces el equipo usó un algoritmo para ver si se podía adivinar qué estaban escribiendo los usuarios.

El software sólo necesitaba 200 caracteres para empezar a hacer una conjetura y fue capaz de reducir drásticamente los posibles caracteres. Las probabilidades de tratar de adivinar un PIN numérico de cuatro dígitos, pasaron de uno de cada 10.000 a uno de cada 20, y las probabilidades de adivinar una contraseña de seis letras, pasaron de una en 500.000 a una en 500.

"En un ataque real, un hacker podría facilitar la fase de entrenamiento necesaria para que el programa malicioso sea más preciso, al solicitar que el usuario introduzca un conjunto predefinido de números para reiniciar el juego después de una pausa; de manera similar a como se usa el CAPTCHA para verificar usuario al iniciar sesión en un sitio web", dijo en un comunicado el profesor Nitesh Saxena.

Otra batalla entre Facebook, Twitter y Snapchat: pujan por publicar los videos del próximo Mundial de fútbol.

El video en «streaming» y el contenido audiovisual se han convertido en uno de los mayores intereses por parte de las empresas del sector de la tecnología. Mientras se fraguan relaciones entre proveedores de contenidos, distribuidoras y redes sociales se inicia una nueva lucha entre algunos pesos pesados del sector. Facebook, Twitter y Snap están pujando para hacerse con los derechos de publicación de videos de corta duración y clips de la próxima Copa del Mundo de fútbol.

Según informa «Bloomberg», las compañías de internet se encuentran en un proceso de negociación para obtener los derechos de retransmisión online de los videos destacados de Twenty-First Century Fox para el próximo campeonato, que se celebrará el próximo año en Rusia. Para ello, ha trascendido que se han ofrecido decenas de millones de dólares por alcanzar un acuerdo.

Fox, propietaria de los derechos, se reservará sin embargo las retransmisiones lineales en directo y conservará, también, la posibilidad de distribuir los resúmenes de los partidos a través de sus propios programas. Este movimiento vuelve a demostrar el interés cada vez mayor de las empresas digitales en reforzar el contenido audiovisual. En los últimos años, de hecho, han reforzado su estrategia con ensayos en los que se han retransmitido algunos eventos deportivos como la NFL.

La idea es ampliar su oferta de deportes en directo, dado que el público joven, muy acostumbrado a consumir contenido a través de internet y redes sociales, cada vez destina más tiempo a visualizar encuentros deportivos a través de este tipo de plataformas en lugar de hacerlo a través de los servicios tradicionales. Una de ellas es Twitter, una de las firmas del sector que más empeño ha puesto en este formato.

Recientemente, Fox Sports anunció un acuerdo con Facebook para distribuir la señal en directo de algunos partidos de la Liga de Campeones durante la próxima edición. Todo ello se ha convertido en una nueva fuente de ingresos para monetizar aún más la cobertura de este tipo de entretenimiento que suele gozar de abultadas audiencias.

IPhone 8 podría contar con reconocimiento facial tridimensional.

La exitosa empresa Apple celebrará los 10 años de su teléfono móvil con el iPhone 8, el cual según expertos en el área, podría usar un sistema de reconocimiento facial en lugar del lector de huellas dactilares.

De acuerdo a lo expresado a la sectores de la prensa por el analista de Kgi Securities experto en Apple, Ming-Chi Kuo, el nuevo Smartphone no tendrá el lector de huella integrado en la pantalla Oled, asegurando que la tecnología no habría dado resultados positivos.

El analista también adelantó que el IPhone 8 contará con un sensor 3D para el reconocimiento facial, que a su vez permitirá casar "selfies" tridimensionales.

Por su parte, la agencia Bloomberg indicó que la herramienta se trata de una hipótesis, que de ser cierta permitiría identificar el rostro del usuario y desbloquear el iPhone en pocos cientos milisegundos.

HP apuesta por la potencia y el diseño en sus nuevos portátiles.

Aprovechando la llegada del verano y la cercanía de las vacaciones, la firma norteamericana HP ha presentado su renovada gama de computadoras y monitores de consumo, la que cada usuario puede encontrar el dispositivo que mejor se adapte sus gustos y necesidades. Y, ante todo, el diseño guía sus propuestas.

Los nuevos equipos destacan, como apunta la compañía, por su diseño mejorado en toda la familia inspirada en la gama «premium y pensada para las últimas generaciones -los llamados «millennials» y miembros de la Generación Z-, que buscan en sus dispositivos informáticos mucho más que rendimiento, siendo el diseño, la autonomía o la opción de contar con multitud de formatos equilibrados y versátiles.

La gama de portátiles «premium» ENVY promete rendimiento y diseño. Según la compañía, estos portátiles proporcionan un «rendimiento extraordinario» permitiendo a los usuarios cambiar su forma de trabajar, crear y jugar sin comprometer el estilo o el rendimiento. Presentan un diseño elegante con chasis de metal duradero en plata y dorado con una bisagra de elevación angular que, además de ofrecer una experiencia de mecanografía más cómoda, permite al aire circular más fácilmente y mejorar la refrigeración. También cuentan con una pantalla 4K o Ultra Alta  Definición que proporciona más de 8 millones de píxeles, altavoces cuádruples con amplificadores discretos y una cámara HD WDR con amplios ángulos de visión, para que se pueda pasar de la creación al entretenimiento sin problemas. Además, disponen de un lector de huellas digitales incorporado. En otras especificaciones técnicas cabe destacar el rendimiento con los últimos procesadores Intel Core-i3, i5 y i7, mientras que los gráficos opcionales dedicados de Nvidia. Su precio, accesible: desde 899 euros.

El todo en uno más fino.

Para los que buscan formatos más grandes, cuenta con el «todo en uno» más fino del mundo, HP Envy curved All-in-One 34, que ofrece, como explica la compañía, mayor potencia para dar respuesta a las experiencias inmersivas de entretenimiento. Dispone de un monitor de 34 pulgadas Technicolor Color Certified Ultra WQHD con microborde que da la sensación de que flota sobre una barra de sonido integrada de cuatro altavoces sintonizado por Bang & Olufsen. Para el uso nocturno, la pantalla puede cambiar a un modo de luz azul bajo para mejorar el confort del ojo y poder tener una mejor calidad de sueño. Está disponible en 27 y 34 pulgadas, con un precio inicial de 1.699 euros.

Nuevos monitores.

HP también ha ampliado su gama de monitores, con formatos sin marco, ultra finos y grandes dimensiones de pantalla de hasta 27 pulgadas o 34 pulgadas. El Envy 34c es un monitor curvo que ofrece una experiencia inmersiva, con un diseño elegante y sin apenas bordes. Este monitor tiene un precio de 1.149 euros. Por su parte, el Envy 27s ofrece una imagen nítida y realista. Con más 8 millones de píxeles y una precisión de color RGB superior al 99%, El panel 4K IPS ilumina incluso los detalles y colores más sutiles en un espacio demarcado por un microborde. Este monitor tiene un precio de 549 euros.

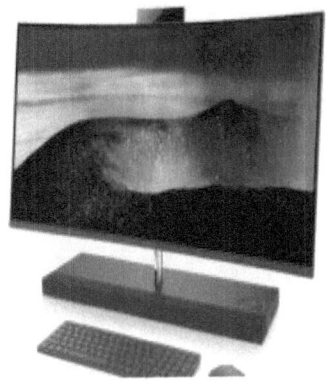

La renovada línea de portátiles y convertibles Pavilion tiene diseños sofisticados, un amplio conjunto de capacidades y opciones de rendimiento bastante alto pero desde una perspectiva más accesible. Incluye el uso de materiales «premium» como metal 3D para ayudar a eliminar todas las vetas visuales; puerto USB-C, que ofrece más opciones de conectividad; y soporte activo para llevar el área de trabajo Windows Ink a los Pavilion x360. El modelo de pantalla de 14 pulgadas ya está en España, con un precio que parte de los 599 euros. Por su parte, el de 15 pulgadas, con procesador Intel Core i7, tiene un precio desde 899 euros y el modelo con procesador AMD de 799 euros.

Cada vez más, hay video jugadores que prefieren jugar sobre un PC o portátil en lugar de una consola. Es un sector al alza que grandes marcas han apostado. Los nuevos equipos de «gaming» OMEN prometen mayores opciones de configuración y añaden nuevos accesorios. El equipo ofrece todas las funcionalidades que necesitan los jugadores para complementar sus capacidades: potencia para luchar durante el juego, gráficos para un juego fluido y refrigeración térmica avanzada para abordar los últimos juegos exigentes. Además, proporciona todas las capacidades de la realidad virtual.

Eso sí, no apto para todos los bolsillos. Así, el modelo OMEN X Compact Desktop estará disponible en España en septiembre a un precio desde 3.299 euros. La sobremesa OMEN ya está disponible a un precio desde 999 euros, al igual que los portátiles de 15 y 17 pulgadas de pantalla, que pueden encontrarse con un precio inicial de 999 euros y 1.199 euros, respectivamente.

Así podría ser el Galaxy Note 8, la bala contra el iPhone.

Si el próximo modelo de iPhone, el de los diez años, está a la vuelta de la esquina, Samsung, rival por antonomasia en el mercado de la telefonía móvil, tiene preparada una sorpresa. Una apuesta, la del Note 8, que llegará antes, y que promete subirse al carro de esa nueva relación que propone dejar solo la pantalla en la parte frontal.

Pero los rumores que circulan por el mentidero de internet a base de filtraciones provenientes, en su mayoría, de los proveedores, apuntan a otros detalles. El dispositivo cumpliría así su ciclo anual de renovación pero, en este caso, viene aparejado un mayor desafío, sacudirse las miserias del fracasado Note 7 que tuvo que cancelarse por problemas en sus baterías.

Precisamente, este será uno de los componentes que se mirará más con lupa, pero las primeras informaciones aseguran que la marca surcoreana ha puesto más énfasis en este aspecto para que todo salga a pedir de boca. Un nuevo fallo y, ahora sí que sí, podría dejar listo para sentencia esta gama en formato «phablet» cuyo empleo de un lápiz óptico y grandes dimensiones son sus principales señas de identidad.

El terminal tendrá, según los analistas, una pantalla de 6.3 pulgadas (aunque otras fuentes señalan que conservará las 5.7 pulgadas de sus predecesores) se sumará a las resoluciones 4K o Ultra Alta Definición, aunque éste es, de nuevo, un aspecto controvertido puesto que existen voces críticas al respecto: tales resoluciones sobre paneles tan pequeños son casi imperceptibles al ojo humano.

De diseño continuista y haciendo un guiño al Galaxy S8, actual buque insignia de la firma surcoreana, al ofrecer bordes redondeados y escasos marcos. Esta idea forzará, según se cree, a llevar el lector de huellas dactilares en una maniobra que vuelve a mostrar otra tendencia actual, colocar el sensor biométrico en la parte de atrás.

Con doble cámara y pantalla ¿infinita?

Se sospecha que el Note 8, además, tendrá una configuración de doble cámara, siguiendo la estela del iPhone 7 Plus o el LG G6, y que sugiere una buena calidad de imagen con efectos de profundidad. De esta forma, Samsung entra en la carrera por este concepto de fotografía móvil que los analistas han valorado como el futuro de la imagen.

A nivel técnico, se espera que el Samsung Galaxy Note 8 ofrezca una serie de especificaciones acordes a los tiempos actuales. Incluso se habla de la posibilidad de integrar un nuevo y más potente procesador de Qualcomm, el Snapdragon 836, aunque con versiones alternativas con sus chips propios Exynos en algunas de las variantes.

Todo ello acompañado por 6 GB de memoria RAM. Eso es, al menos, lo que recogen las últimas filtraciones. En cuanto a su capacidad, todo apunta a 256 GB de memoria, una decisión que cobra sentido al tratarse de un terminal más enfocado al mundo profesional. De precio, mejor ni hablar, puesto que los primeros rumores señalan que superará los mil euros. Todo apunta a que se presentará a finales de agosto de 2017.

Nuevo videojuego de "Avatar" se inspirará en la selva de Panamá.

Un videojuego basado en la secuela de "Avatar" será ambientado en paisajes boscosos de áreas protegidas de Panamá, confirmó el ministro encargado de Ambiente de Panamá, Emilio Sempris.

El desarrollador francés Ubisoft será el encargado de diseñar la ambientación del videojuego de la película "Avatar 2", con inspiración en la biodiversidad de los ecosistemas del mencionado país.

"Ubisoft escogió a Panamá para comprender las interacciones de los ecosistemas, interacciones de aves y árboles, ciclos reproductivos de algunas

especies, vínculos entre especies y ecosistemas, material que será vertido en un videojuego educativo que tendrá un impacto a nivel mundial", detalló el ministro.

El titular de la cartera comentó que el equipo de desarrolladores ha realizado dos visitas extensas a una zona boscosa del área este del país.

En el proyecto también participan científicos panameños y del Instituto Smithsonian de Investigaciones Tropicales de Panamá.

"Avatar 2" verá la luz el 18 de diciembre de 2020, de acuerdo con los planes de 20th Century Fox, que también trabaja en otras tres secuelas.

"Avatar", del canadiense James Cameron, es un relato fantástico que se centra en el lejano mundo de Pandora, un planeta al que llegan los seres humanos con una tecnología muy avanzada y encarnados en sus "avatares", reproducciones de personas genéticamente preparadas para enfrentarse a entornos hostiles.

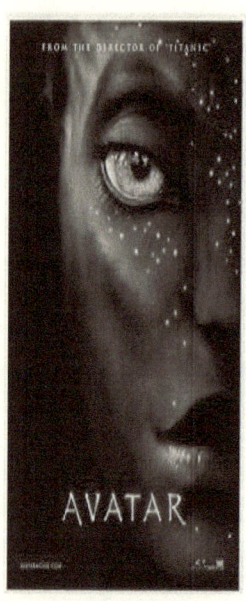

En la historia, la ambición colonizadora de los hombres choca con la resistencia de los nativos, que luchan por proteger sus recursos naturales.

Con 2.788 millones de dólares recaudados en todo el mundo, "Avatar" (2009) se mantiene como la cinta más taquillera de la historia del cine a escala internacional, por delante de "Titanic" (1997) con 2.187 millones, también de James Cameron, y "Star Wars: El Despertar de la Fuerza" (2015) con 2.064 millones, según los datos de la web especializada Box Office Mojo.

Crean aplicación que predice cuál foto tendrá más éxito en Instagram.

Decidir qué fotografía subir a Instagram es, en muchas ocasiones, bastante complejo. Una está mejor iluminada, en otra el paisaje es más atractivo y en la tercera, simplemente, sales mejor. Pero por mucho tiempo que pases editando e intentando perfeccionarla, decidir cuál de las tres debes subir a tu perfil de Instagram acabará siendo un acto instintivo más que razonado.

Lisa, una sencilla aplicación para iOS, aprovecha la inteligencia artificial para resolver por ti ese tipo de situaciones. En base a diferentes patrones, Lisa identifica qué fotografía es la mejor y cuál podría tener más éxito en tu perfil de Instagram (impresiones, interacciones, etc.). Para ello basta con seleccionar qué imágenes debe interpretar y el sistema, de forma automática, sugerirá la que debes subir a la plataforma.

Además de recomendar y mostrar un porcentaje estimado de interacciones, Lisa también recomienda una serie de hashtags para incluir en la publicación —en caso de que sigas utilizando hashtags en Instagram—.

Lisa está disponible en la App Store. Se puede descargar de forma gratuita y, muy probablemente, se convertirá en una gran herramienta para hacer de tu perfil en la mencionada red social, uno de los más populares.

La NASA retomó un proyecto de 1960 sobre reactores nucleares en Marte.

Hombre a Marte es el gran reto de empresas privadas del segmento aeroespacial, pero la NASA también persigue ese objetivo, que ahora está combinando con otro igualmente llamativo.

La agencia espacial estadounidense ha recuperado un proyecto de los años 1960 para situar pequeños reactores de fisión nuclear en ese planeta para generar energía, otro de los elementos clave de esos teóricos asentamientos espaciales.

El proyecto que lleva décadas olvidado.

La división de desarrollo de la NASA ha creado el proyecto Kilopower con una duración estimada de tres años. Esta iniciativa recoge el testigo del programa SNAP (Systems for Nuclear Auxiliary Power) en el que trabajaron durante la década de 1960.

En aquel proyecto se desarrollaron dos tipos de sistemas de energía nuclear. El primero de ellos era un RTG (Radioisotope Thermoelectric Generator) basado en el uso de plutonio, y de hecho el sistema se ha utilizado en diversas sondas en los últimos años, incluido el rover Curiosity que exploró la superficie marciana.

El segundo sistema fue un reactor de fisión que tuvo como resultado el SNAP-10A, considerado como el primer y único reactor nuclear de los EE.UU. que funcionó en el espacio. Se lanzó el 3 de abril de 1965 y funcionó durante 43 días, en los que produjo 500 vatios de energía antes de que un fallo provocara la desactivación de este sistema.

"Mini-reactores".

Rusia ha sido mucho más activa en este frente y lleva décadas utilizando pequeños reactores de fisión en sus naves espaciales, entre las que se incluyen sus satélites de reconocimiento RORSAT o los sistemas TOPAZ.

Es ahora cuando la NASA recupera la idea pero no para sus naves espaciales sino para implantar estos generadores de energía en Marte. Según los primeros datos, el reactor en pruebas mediría algo menos de dos metros y produciría 1 kW de electricidad.

Según las estimaciones que plantean misiones con seres humanos en Marte, la idea sería plantear un sistema que generase 40 kW de energía para poder suministrar la misma electricidad que daría servicio a unas 8 casas en la Tierra.

Descubre cómo podría ser el nuevo iPhone 8.

Según informó el portal Mashablen, se ha filtrado hace unos días un video que muestra el posible aspecto que tendrá el iPhone 8 y coincide con todas las expectativas que se habían creado en torno a él. Los autores de la grabación aseguran que han creado el modelo del teléfono a partir de unos diseños filtrados "directamente desde la fábrica responsable de la producción del nuevo iPhone". De acuerdo con las imágenes, el iPhone 8 tendrá una carcasa de acero de color negro y una cámara trasera dual de disposición vertical. Además, Apple podría sorprender a muchos con la ausencia de su emblemático botón central, ya que la pantalla ocupará la totalidad de la parte delantera.

Al final del clip se observa el tamaño del aparato: tiene poco más de 14 centímetros de longitud, 7,5 centímetros de ancho y 7 milímetros de espesor, pero con el dispositivo de la cámara, sumará de 9.Según comentan los autores, aunque su recreación es totalmente fidedigna con el diseño de fabricación, la compañía todavía puede cambiar alguna parte del aspecto exterior del teléfono antes de su lanzamiento final.

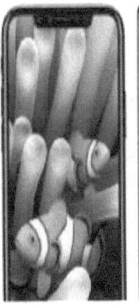

Satélite chino alcanzó su órbita dos semanas después de su lanzamiento.

El satélite chino de comunicaciones Zhongxing-9A alcanzó su órbita prevista dos semanas después de su lanzamiento, en el que hubo problemas con su cohete, anunció este jueves la Corporación de Ciencia y Tecnología Aeroespacial de China.

El lanzamiento del pasado 19 de junio registró un problema en la tercera fase del cohete empleado, un Larga Marcha-3B, por lo que el satélite no pudo insertarse en la órbita estipulada por los técnicos.

El control de tierra logró que el satélite realizara hasta diez ajustes con sus propulsores propios y el miércoles logró situarse en la órbita correcta, a 101,4 grados este sobre el ecuador, explicó empresa fabricante.

Añadió que los sistemas del satélite funcionan con normalidad y los transpondedores han comenzado a funcionar, mientras que los técnicos están realizando algunas comprobaciones y pruebas.

El Zhongzing-9A es el primer satélite desarrollado en China capaz de realizar transmisiones de radio y televisión en directo.

El programa espacial chino sufrió otro revés el pasado domingo, cuando el lanzamiento de otro satélite de comunicaciones fracasó debido a un problema no especificado, que ocurrió casi una hora después del despegue.

El cohete empleado en ese lanzamiento, un Larga Marcha-5 Y2, es el mismo que se empleará en las próximas misiones espaciales chinas de importancia, como el envío de sondas a la Luna y Marte, así como en la puesta en órbita de la futura estación espacial de este país, por lo que algunos expertos temen que ese problema pueda causar retrasos en esos proyectos.

Facebook mejora el drone que llevará internet a zonas remotas.

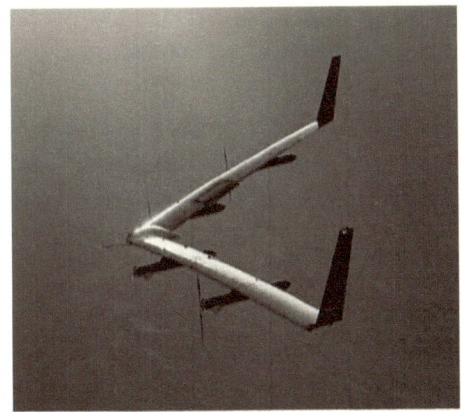

Facebook sigue innovando en su proyecto para llevar internet a zonas remotas. Free Basics, by Facebook tiene como objetivo que todas las partes del mundo, hasta las más recónditas, tengan acceso gratuito a la red.

El drone no tripulado y que funciona con energía solar, llamado Aquila, es el responsable de llevar a cabo la misión. Su primer viaje experimental fue en el mes de julio de 2016 y, el 29 de enero de 2017, Aquila ha realizado con éxito su segundo vuelo de prueba en el desierto de Arizona, en Estados Unidos.

A diferencia del primer intento, esta vez el drone consiguió aterrizar sin dificultad después de volar durante una hora y 46 minutos. En julio de 2016, Aquila estuvo en el aire diez minutos menos que en la segunda prueba y tuvo que hacer un aterrizaje forzoso que provocó la ruptura de un ala. El vídeo del exitoso reciente aterrizaje ha sido publicado en la red social.

Facebook ha logrado mejorar el drone que llevará internet a lugares remotos del mundo y el avión no tripulado subió casi 55 metros por minuto, alcanzando una altura de 914 metros. A pesar de las mejoras respecto al primer vuelo experimental, la compañía espera que Aquila pueda llegar a una altura entre 1.800 y casi 3.000 metros para poder transmitir internet inalámbrico a zonas rurales que no cuentan con acceso a la red.

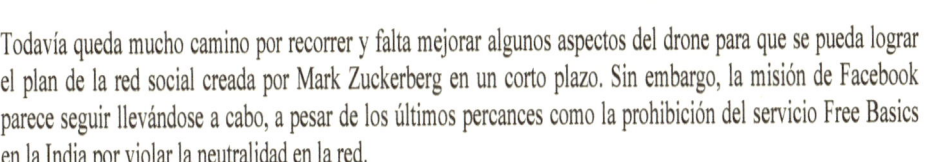

Todavía queda mucho camino por recorrer y falta mejorar algunos aspectos del drone para que se pueda lograr el plan de la red social creada por Mark Zuckerberg en un corto plazo. Sin embargo, la misión de Facebook parece seguir llevándose a cabo, a pesar de los últimos percances como la prohibición del servicio Free Basics en la India por violar la neutralidad en la red.

Las dudas respecto al proyecto de Zuckerberg han existido desde que se lanzó, ya que el drone podría ser en realidad un portador de red limitada. Free Basics atenta contra la libertad en la red porque los usuarios solamente pueden acceder a las páginas que Zuckerberg y sus socios quieren. El internet de Facebook está restringido bajo este modelo a los contenidos que sean acordes con los intereses corporativos de la compañía.

De todas maneras, Facebook sigue persiguiendo su objetivo de conectar a todo el mundo a través de la red social. El 27 de junio de 2017 consiguió llegar a los 2.000 millones de usuarios activos al mes, pero, para poder aumentar el número de personas con una cuenta en Facebook, la compañía debe seguir mejorando en infraestructura inalámbrica.

¡Increíble! Científicos consiguen crear una cerveza saludable.

Científicos de la Universidad Nacional de Singapur han creado una cerveza elaborada con ingredientes probióticos, microorganismos vivos que mantienen la salud del aparato digestivo y el sistema inmunitario, según un reporte de la Universidad.

La coautora del proyecto, la estudiante de Ciencias Alimentarias Chan Mei Zhi Alcine, explica que a pesar que las bacterias saludables se pueden encontrar frecuentemente en los productos fermentados, todavía no había en el mercado una cerveza que contuviera probióticos.

La investigadora señala que alcanzar la cantidad suficiente de estas bacterias en la cerveza fue un reto, ya que esta bebida contiene unos ácidos que impiden el crecimiento y la supervivencia de los probióticos.

Gracias a nueve meses de estudio, los investigadores lograron dar con una receta con la cantidad y el tipo óptimo de bacterias. "Para esta cerveza usamos bacterias de ácido láctico", comenta Chan, que añade que estos microorganismos probióticos utilizan los azúcares del mosto de cerveza para mantener su funcionamiento.

Según sus palabras, la bebida tendrá un sabor fuerte y ácido y un 3,5% de alcohol.

El profesor de la universidad Liu Shao Quan estima que esta innovadora cerveza de fácil digestión ganará popularidad entre los aficionados a esta bebida. El profesor y su estudiante quieren registrar la patente de la receta que han creado y buscar unos socios en la industria con los que puedan hacer llegar a los consumidores el nuevo producto.

Facebook penalizará los enlaces de baja calidad para evitar la desinformación.

Facebook anunció que penalizará los enlaces de baja calidad que se comparten con una frecuencia inusualmente alta en la red social, considerados "spam", para reducir su influencia en los hilos de noticias de los usuarios y evitar la desinformación.

Según explicó en el blog corporativo el responsable del muro ("News Feed") de Facebook, Adam Mosseri, la actualización va dirigida a un "minúsculo grupo de gente" que comparte rutinariamente "enormes cantidades de posts al día".

"Nuestra investigación muestra que los enlaces que comparten suelen incluir contenido de baja calidad como 'clickbait' (cebo de clicks), sensacionalismo y desinformación", apuntó Mosseri.

Como resultado, Facebook "reducirá la prioridad" de estos enlaces que los "spammers" comparten con más frecuencia que otros usuarios para mantener el carácter informativo de sus muros.

La penalización afectará sólo a los enlaces, que pueden ser por ejemplo artículos, pero no a dominios, páginas, vídeos, fotos, actualizaciones de localización o de estado, desgranó el directivo.

Según el portal de tecnología Recode, el cambio en el algoritmo afectará a los artículos compartidos más de 50 veces al día por este tipo de usuarios, que la compañía no considera sean robots.

"Esos enlaces son desproporcionadamente problemáticos. Es una de las señales más firmes que hemos encontrado para identificar una amplia gama de contenido problemático", añadió Mosseri en declaraciones a este medio.

El directivo destacó que uno de los valores cruciales que rigen la gestión del muro de Facebook es que este sea "informativo".

"Dando pasos como este para mejorar el muro, seremos capaces de sacar a la superficie más historias que la gente considere informativas y reduciremos la propagación de enlaces problemáticos como 'clickbait, sensacionalismo y desinformación", subrayó.

Facebook anunció también que haría cambios en el muro de la red social para que los usuarios vean más actualizaciones de sus amigos y familia, en línea con el objetivo de creación de comunidad que defiende su fundador, Mark Zuckerberg.

Samsung lanzará el 7 de julio de 2017 su versión reparada del polémico Galaxy Note 7.

Samsung Electronics anunció hoy que sacará a la venta en Corea del Sur una versión rediseñada de su polémico smartphone Galaxy Note 7, que tuvo que ser retirado del mercado por repetidos casos de incendio.

El renovado dispositivo, bautizado como Galaxy Note 7 Fan Edition, del que se saldrán al mercado 400.000 unidades, se venderá a un precio en torno a los 600 dólares, según explicó la compañía en un comunicado.

Samsung tuvo que suspender la producción y venta del Galaxy Note 7 (en el primer caso de este tipo en la historia de la telefonía móvil) debido a los repetidos casos de combustión del aparato por culpa de su batería fija, según demostró más tarde una investigación.

El fiasco del "tabléfono" estrella de Samsung le supuso a la empresa una pérdida operativa de unos 6,1 billones de wones (unos 4,8 millones de euros).

El rediseño del Galaxy Note está equipado con una batería con menor capacidad que el modelo original (el intento por lograr una pila que tuviera muy larga duración minimizando al máximo su tamaño fue una de las causas de los incendios del terminal) y con un software totalmente actualizado.

Tras la retirada del "phablet" el otoño pasado, la compañía recibió infinidad de peticiones de grupos medioambientales para que reparara y reutilizara los 4,3 millones de dispositivos Galaxy Note 7 que fueron producidos.

Finalmente, Samsung se comprometió en marzo de 2017 a reciclar los modelos defectuosos y a comercializarlos de nuevo.

Se espera que el gigante tecnológico surcoreano presente el Galaxy Note 8, sucesor del problemático modelo, durante el mes de agosto en Nueva York.

Entérese del beneficio de la energía osmótica, una salvación para el planeta.

Este proceso se reconoce como energía osmótica y a través del mismo se han logrado producir 12,6 vatios en un área de un metro cuadrado -m2-, esto nunca había sido logrado.

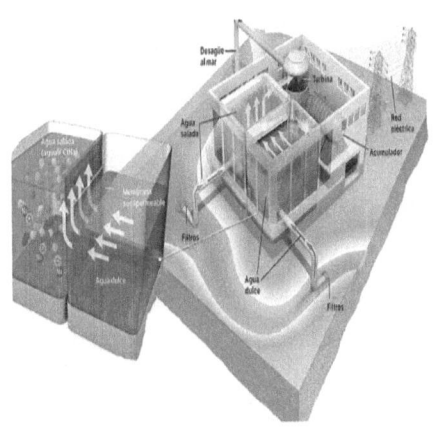

Partiendo del desarrollo de agua salada sintética con concentración de 300 gramos de sal por litro, se alcanza densidad de energía de 26,3 vatios.

Considerando que el lugar ideal para la instalación de este tipo de plantas orientadas al desarrollo de energía osmótica, es el que se encuentra en las afluencias de los ríos y mares.

Es una tecnología que no utiliza productos de cobre, los cuáles se convierten en tóxicos y que al mismo tiempo no produce ninguna huella de carbón.

Con anterioridad la energía osmótica se inició basada en la diferencia de concentración de sal en el agua. Partiendo de la ósmosis por presión retardada que utiliza membranas semipermeables.

Sin embargo, se debió considerar como riesgo el problema de la gran cantidad de bacterias que se adhieren a la membrana y esto va disminuyendo considerablemente la cantidad de energía generada.

Por otro lado, un desarrollo tecnológico denominado electrodiálisis inversa, en la cual el agua no tiene contacto con la membrana sino que lo hace la sal, llega a producir muy bajos índices de energía.

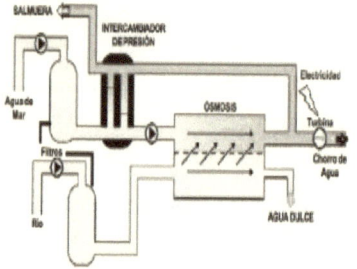

Esperemos conclusiones, de este trascendente desarrollo para la humanidad.

Microsoft suprimirá empleos en todo en el marco de una reorganización mundial.

AFP.- Microsoft suprimirá empleos en el marco de una reorganización mundial para centrarse en la venta de servicios y programas en la nube, dijeron los medios estadounidenses.

Mientras varios reportes auguran que los cambios derivarán en la reducción de miles de puestos de trabajo, Microsoft sólo confirmó que los cambios están en marcha.

"Microsoft está implementando cambios para servir mejor a nuestros clientes y socios", dijo un portavoz de la empresa.

La agencia Bloomberg dijo que la empresa "prepara una reorganización de sus equipos comerciales en el mundo para dedicarse mejor a la venta de programas en la nube".

El sitio especializado TechCrunch, que como Bloomberg cita fuentes anónimas, dijo que esa reorganización podría acarrear "miles de despidos" en todo el mundo.

Microsoft dijo a sus empleados a que mediados de 2017 que daría "detalles sobre esos cambios en los próximos días" pero no hizo alusión a despidos, según el sitio GeekWire que cita una nota interna de la compañía.

En los últimos años, Microsoft anunció la supresión de miles de empleos especialmente tras su fracaso en telefonía móvil. En 2014 eliminó 18.000 puestos de trabajo, 7.800 al año siguiente y 4.700 en 2016.

A fines de 2016, la empresa empleaba a unas 114.000 personas. Sus resultados financieros anuales son esperados el 20 de julio de 2017.

La nube, o informática desmaterializada, permite almacenar datos y comprar programas para ser instalados en computadoras.

Estos son los móviles chinos que impactan a los usuarios.

Nubia Z17.

Esta submarca de ZTE, que ahora opera de forma independiente, logró captar la atención de muchos en el Z17. Es el primer terminal que acompaña el chip Qualcomm Snapdragon 835 con 8 GB de RAM y es también el primer smartphone sin pantalla curva que realmente puede publicitar que no tiene marcos laterales sin mentir.

Además de contar con una de las mejores capas Android, basada en la última versión, está provisto de una cámara dual con resolución de 23 megapíxeles. Además consta de filtros que permiten superponer a una persona en diferentes lugares de la misma imagen, sin dejar el extraño rastro de otros móviles, o crear curiosos efectos con el fondo para resaltar al protagonista.

Vivo Xplay 6.

A pesar de que es una de las marcas más vendidas de China, fue la primera empresa que siguió los pasos de Samsung en el uso de pantallas curvas, y también pionera en montar 6 GB de memoria RAM en un terminal. El Vivo Xplay 6, además de la pantalla curvada en los extremos, dotada además de funciones especiales como menús laterales, incluye una curiosa cámara dual posterior cuyo emplazamiento en vertical hace que destaque entre el resto.

Con 24 megapíxeles de resolución, una lente muy luminosa -f 1,7- y un estabilizador óptico de cuatro ejes, demuestra que China apuesta fuerte por la fotografía móvil.

OPPO R11.

Con sus exageradas similitudes con el iPhone 7 Plus y el OnePlus 5, el terminal destaca por ser extremadamente fino y liviano, además de contar con un par de cámaras magníficas. Destaca con un sensor de 16 megapíxeles, con procesador Snapdragon 660 de gama media; se queda corto si se compara con el 835 del Xiaomi 6 o el Nubia Z17. Pero habrá que ver si funciona la sorprendente campaña de publicidad con la que ha empapelado toda China.

Conoce blockchain; esta tecnología cambiará el mundo.

Aunque se haya en un proceso inmaduro de desarrollo, el sector financiero ha puesto los ojos en la tecnología blockchain, pues se considera una trascendente posibilidad para generar nuevas herramientas bancarias más ágiles para sus clientes.

Citigroup y Nasadq han anunciado la puesta en marcha de esta tecnología que también han adoptado Cecabank y Grant Thornton.

La misma ofrece descentralización, participación y autonomía desarrollada a partir de la principal criptomoneda, el Bitcoin. Básicamente es un algoritmo criptográfico, es decir, una secuencia de instrucciones puestas en un programa para que la máquina ejecute mediante un código criptográfico. De esta manera se logra que no sea accesible para quien no conoce la clave.

Miguel A. Juan, socio-director de S2 Grupo recurre a un símil para explicar cómo funciona: "Imagina que tuviéramos una cadena de cajas de seguridad cada una con su combinación. Las cajas están enganchadas unas a otras como los carros de un supermercado. Para poder acceder al contenido de la caja tienes que tener una clave".

Si lo trasladamos al sector financiero, para cada una de estas transacciones se genera un bloque de información que es verificado por los propios miembros de la comunidad y almacenado en la blockchain o cadena de bloques principal, justo a continuación del bloque o transferencia anterior.

Esta cadena de bloques es pública y puede consultarse en cualquier momento por cualquier miembro. Asimismo, no existe una copia única de la cadena ya que cada una es almacenada por cada miembro del sistema y es periódicamente sincronizada para asegurar que todos los usuarios comparten una misma versión de la base de datos.

Además, se trata de un sistema descentralizado en el que no hay intermediarios, lo que permite disminuir el coste de las transacciones, y a priori es más seguro y transparente. "En vez mantener el registro de transacciones en la base de datos o computadora de las entidades, lo vuelcan en esa cadena o blockchain", matiza Miguel A. Juan. Su impacto en la industria financiera es evidente: reduce el rol de intermediarios de bancos y bancos centrales.

Según un estudio de Deloitte, aunque esta tecnología es revolucionaria y prometedora, todavía está muy inmadura. El gran reto es su regulación porque no hay un marco jurídico que ampare los derechos de los usuarios que usan esta tecnología ni las obligaciones de las instituciones que la aplican.

En este sentido, cada comunidad de blockchain establece sus propias normas, basadas en claves de relaciones de confianza y un entorno habitualmente monitorizado en el que se actúa democráticamente.

Otro de los desafíos es la energía que consume esta tecnología. Al tratarse de un algoritmo, que se ejecuta en modo peer-to-peer en redes de computadoras, conlleva un elevado consumo de energía debido al uso de microprocesadores y necesidades de ventilación. Y al igual que todo proceso automatización, acaba destruyendo empleos, aunque también generará nuevos puestos.

Más allá del financiero, esta tecnología ha despertado expectativas en otros sectores. Uno de ellos es el catastro de propiedades inmobiliarias, ya que permite crear un registro en el que figure quién es el propietario de cada inmueble o terreno, así como todas las transacciones de compraventa realizadas.

De ese modo, se evita cualquier tipo de fraude o manipulación", explica Miguel A. Juan, socio-director de S2 Grupo. También su uso se puede aplicar en los sistemas de voto o para vender o alquilar casi cualquier cosa u objeto.

Asus ZenFone Zoom S, el primer «smartphone» con zoom de 12 aumentos.

 Hace apenas unos días, Asus presentaba en nuestro país su nuevo ZenFone Zoom S, un teléfono pensado por y para la fotografía. Su cámara principal, en efecto, está equipada con dos sensores de 12 megapíxeles. El principal, un Sony IMX362, con píxeles de 1,4 nanómetros, apertura F/1.7 y tecnología SuperPixel, que le hace ocho veces más sensible a la luz que la cámara de cualquier otro móvil; y el secundario, con apertura f/2.6, angular de 59 milímetros y un zoom óptico de 2,3 aumentos.

Juntos, y combinando este óptico con digital, los sensores consiguen un zoom de 12 aumentos, algo inédito hasta ahora en la telefonía móvil. La cámara frontal, por su parte, equipa un sensor IMX214 (también de Sony) de 13 megapíxeles, una apertura f/2.0 e incluye funciones de selfie panorámico.

Dennis Hsieh, Director General de Asus Iberia, explica en una entrevista para ABC cuál es la estrategia con este «smartphone». «En Asus -asegura el ejecutivo de la firma taiwanesa- siempre estamos buscando lo increíble, algo que pueda sorprender al mercado. Sabemos que hacer fotos es una función muy usada por los consumidores, y sabemos también que al usar un móvil, a menudo no se puede hacer un zoom adecuado de un detalle que esté lejos. Nosotros hemos solucionado ese problema, juntando un zoom óptico con uno digital».

Para Hsieh, otro problema es «hacer fotos con poca luz, en fiestas o ambientes nocturnos». Y el flash no es una solución. «A la gente también le gusta hacer vídeos, si es en 4K mejor, y ahí se encuentran con el problema de la duración de la batería». Para solucionar las tres cuestiones de un solo golpe, Asus se ha esforzado en diseñar un producto nuevo», asegura el ejecutivo.

Ficha técnica:

Pantalla 5.5 pulgadas. Resolución Full HD (1.080 p) Dimensiones 154.3 x 77 x 7.99 mm. Peso: 170 gramos. Chip Snapdragon 625 RAM4 GB. Memoria32/64/128 GB. Cámara trasera doble de 12 Mpx y 13 Mpx. Batería: 5.000 mAhSO. Android 6.0 Marshmallow.

Así, junto al zoom de 12 aumentos, el sensor del terminal es el más avanzado de Sony, el IMX362, con una apertura de f/1,7, lo que posibilita hacer fotos en ambientes casi completamente oscuros. «El problema de los vídeos y la batería -explica Hsieh- lo hemos solucionado instalando una batería de 5.000 miliamperios, casi el doble que las de la competencia, que prácticamente garantiza dos días completos de uso».

La fotografía, de hecho, se ha convertido en uno de los principales caballos de batalla entre los fabricantes de móviles. «Compramos con otras marcas y las fotos de nuestro nuevo ZenFone son dos veces mejores, por ejemplo, que las del iPhone. Además, somos los únicos en lograr instalar un zoom óptico en un móvil. Ninguna otra marca lo tiene por ahora», insiste.

El nuevo dispositivo de Asus está equipado con una pantalla Full HD de 5.5 pulgadas, con Gorilla Glass 5. El procesador es un Qualcomm Snapdragon 625, con ocho núcleos y una velocidad de reloj de hasta 2 GHz, apoyado por 4 GB de RAM y 64GB de almacenamiento, ampliables con tarjetas microSD hasta los 2 TB. Especificaciones, pues, muy en la línea con otros terminales de gama media/alta de otras firmas. El sistema operativo, por cierto, no es la última versión de Android, la 7.1 Nougat, sino la anterior, Android 6.0 Marshmallow, aunque la firma china asegura que muy pronto habrá una actualización.

Parecería que unas capacidades fotográficas como las que incorpora el ZenFone Zoom S encajarían a la perfección con un procesador más potente, como el Snapdragon 835, pero el director general de la compañía no está de acuerdo, y expone sus razones. «Instalamos componentes -explica Hsieh- según las necesidades y teniendo en cuenta la experiencia de usuario, el consumo de batería, etc. Y el Snapdragon 625 tiene todas las características que necesitamos para destacar en las funciones de este segmento». Para el ejecutivo, por un precio de 469 euros «es una combinación inmejorable».

Dirigido a millennials.

Asus, por último, tampoco parece estar preocupada por la «invasión» de smartphones de marcas chinas, con los componentes y especificaciones más avanzados, pero a precios muy contenidos. «Para un usuario -asegura el ejecutivo- lo primero es la experiencia de uso. Y el hardware es importante, pero más aún es combinarlo con el software, y combinar las dos cosas de forma armónica en productos concretos con propósitos concretos. En Asus somos muy fuertes en computadoras y tenemos mucha experiencia con los problemas de los usuarios finales. Y usamos ese 'know how', ese expertise, para desarrollar lo que realmente quiere el usuario. A menudo, una simple lista de especificaciones no basta».

El nuevo «smartphone», por lo tanto, tiene unos objetivos muy claros: «Nuestro target principal son los millennials, jóvenes entre 18 y 35 años. Pero en esa franja de edades hay muchos grupos. Unos buscan calidad, diseño y productos sexys, y otras prestaciones y durabilidad, mientras que otros ponen el acento en características concretas, como los selfies. Cada agrupo tiene diferentes necesidades. El ZenFone Zoom S va dirigido a todos ellos, usuarios muy exigentes, amantes de las buenas fotos y que buscan calidad, prestaciones y batería. En ASUS tenemos una base muy potente y conocemos bien a los consumidores. Tenemos más de 5.000 ingenieros de I+D y podemos desarrollar cualquier cosa».

Sony vuelve al vinilo.

Esto suena bien. Sony volverá a fabricar discos de vinilo tras abandonar dicho formato en 1989, cuando se entregó al «compact disc» que había inventado con Philips siete años antes. Casi tres décadas después, el aumento de ventas del vinilo ha convencido a la multinacional nipona para retomar su producción en dos plantas de Japón. Así se lo ha confirmado a Efe un portavoz de la compañía.

Como gigante tecnológico y de la música, ya que su discográfica copa un tercio del mercado mundial, el regreso de Sony al vinilo confirma su buena salud dentro del moribundo panorama actual. Mientras el pirateo en internet se carga al CD, las ventas de vinilos suben cada temporada. En Japón rozaron las 800.000 unidades el año pasado, ocho veces más que en 2010. Mucho más cuantiosas eran en Estados Unidos, donde llegaban a los 17,2 millones de discos, y en ese paraíso musical que es el Reino Unido, donde superaban al formato digital. Este resurgir del vinilo también se aprecia en España, donde se han doblado las ventas hasta unas 300.000 unidades.

Tras ser enterrados durante los años 90 y 2000 por los discos compactos, que revolucionaron la música por la limpieza de su sonido y su pequeño tamaño, los elepés de toda la vida resucitan gracias a los nostálgicos y a los jóvenes melómanos enamorados de su particular sonido y su encantador formato. Aunque nadie duda de que la reproducción digital sea más pura, le falta la calidez del vinilo, con más matices y texturas sonoras precisamente por no ser tan perfecto.

Diluida durante años en la tecnología digital, donde ha perdido su materialidad en los reproductores MP3 o en internet, la música recupera su cuerpo y se redescubre el placer adolescente de escuchar un disco. Frente a la fría invisibilidad del digital, se imponen el tacto y el diseño: sacar el vinilo del álbum, colocarlo en el tocadiscos mientras empieza a girar hipnótico y posarle la aguja sobre los surcos. Con el siseo único del LP, desde

«Carmina Burana» hasta Pink Floyd suenan más épicos y envolventes mientras uno navega hechizado por las letras y diseños de algunos discos, a veces obras de arte comparables a la música que contienen.

Teniendo en cuenta el gusto japonés por la excelencia, lo raro no es que Sony se haya decidido ahora a fabricar otra vez vinilos, sino que no lo hiciera antes. Entre los callejones de Shibuya, bajo los neones que alumbran el hormiguero humano de su famoso paso de peatones, las tiendas de vinilos ofrecen no sólo discos de segunda mano o reediciones de clásicos del rock y el pop, sino también novedades del «techno» y la electrónica. Ahora, todas las estrellas sacan sus discos en cuidadas y carísimas ediciones en vinilo. Por eso, hasta Sony, el padre «pródigo» del CD, vuelve a los discos de toda la vida.

En 2016 se vendieron 800.000 vinilos en Japón; 17,2 millones en EE.UU. y 300.000 en España.

Dex, el dispositivo que transforma el Samsung S8 en una computadora.

La compañía Samsung lanzó al mercado su 'smartphone' más avanzado, el S8, el pasado mes de abril y, desde ese momento, se han ido añadiendo complementos y accesorios para ampliar las capacidades de un dispositivo que se posiciona en el segmento más alto de gama, y mira cara a cara el iPhone 7 de Apple. Ahora, la firma anuncia la disponibilidad de Samsung Dex, una solución que transforma el Galaxy S8 en una computadora y da al usuario una experiencia semejante a un puesto de escritorio.

"La tendencia imparable de la movilidad hace necesarias soluciones que liberen a los usuarios de tener que transportar consigo un sinfín de dispositivos y que les permitan trabajar eficazmente y divertirse con los mejores contenidos digitales allí donde estén. Teniendo en cuenta que el 'smartphone' es la principal herramienta de trabajo para muchos profesionales, Samsung DeX ofrece la solución ideal para convertir cualquier lugar en un puesto de trabajo", ha señalado Luis de la Peña, responsable de marketing de IM de Samsung.

Posibilidades.

La estación está pensada para conectar el Galaxy S8/S8+ a un monitor, un teclado y un ratón – entre otros dispositivos – para acceder a aplicaciones, editar documentos, navegar por internet, ver vídeos o responder a mensajes en un entorno de computación y con una interfaz de gran tamaño.

Hace posible utilizar atajos de teclado y accesos directos para trabajar sobre varios documentos al mismo tiempo, pasar de una 'app' a otra, deshacer errores, fijar las aplicaciones frecuentes en la pantalla de inicio o arrastrar y soltar múltiples ficheros al mismo tiempo.

El accesorio proporciona un entorno multitarea con diversas ventanas reajustables en tamaño, menús contextuales accesibles directamente y un navegador web versión de escritorio. También hace posible acceder de forma remota a los escritorios virtuales a través de las soluciones de Citrix, VMware y Amazon Web Services, así como trabajar con las aplicaciones móviles de Microsoft Office y Adobe, incluyendo Adobe Acrobat Reader móvil y Lightroom Mobile para editar fotografías. La estación pesa 230 gramos e integra conectividad USB 2.0, Ethernet y USB tipo C.

Mecanismosde seguridad.

El uso de este dispositivo ofrece un óptimo nivel de seguridad para los datos mediante la plataforma Samsung Knox y la posibilidad de crear una carpeta segura que precisa de contraseña adicional para acceder a ella.

Entre las capacidades de su configuración permite utilizar las funciones del teléfono, como llamadas, mensajes de texto y ajustes desde la barra de tareas del monitor.

El sistema puede iniciar sesión en diferentes cuentas on line con el servicio seguro Samsung Pass, sin tener que escribir cada vez la contraseña.

Por fin podrás comer carne de unicornio y vendrá imprimida en 3D.

No, no podrás comer carne de unicornio, pero sí fabricada por una empresa unicornio estadounidense. El director general de la «startup» de biotecnología Hampton Creek, Josh Tetrick, ha anunciado que la empresa, valorada en 1.100 millones de dólares, da el salto a revolucionar la industria cárnica este año.

El objetivo de esta firma es cambiar la forma en que los ciudadanos comen. Lo hacen mediante sus productos «Just», que ya lleva unos años en el mercado, aunque sólo en Estados Unidos, entre los que destacan mayonesa sin huevo o masa para galletas sin componentes animales sustituidos con proteínas vegetales. Pero ahora, la compañía de biotecnología da el salto a crear carne. La idea es aplicar una base de cultivo de células que denominan «carnes limpias o cultivadas». Es decir, carne que ha «crecido» en un bioreactor, un depósito que no es diferente a una cuba, igual que las que se utilizan para macerar el vino. Una propuesta interesante a tener en cuenta como una de las vías a explorar como alimento del futuro.

La idea es que ante la sobreexplotación del mundo y la superpoblación diversos informes anticipan un problema alimenticio para dentro de varias décadas en una época en la que la tecnología y los dispositivos conectados moverán millones de datos. La ganadería, la avicultura y la pesca tal y como las conocemos hoy en día no son lo suficientemente productivas para alimentar a todo un planeta. Primero, porque el actual crecimiento de la población plantea un gran reto, que no va en consonancia con los recursos naturales del planeta. Segundo, tanto la ganadería como la avicultura intensivas necesitan de mucho terreno, provocando talas masivas a favor de pastos. Y, tercero, además, el ganado bovino es uno de los responsables del efecto invernadero y la contaminación de la tierra.

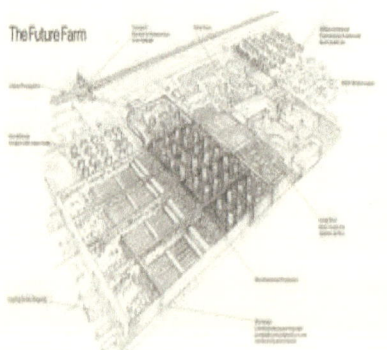

No es un momento de plantearse cómo mejorar los procesos productivos que llevan con nosotros desde el Neolítico sino de cambiarlos desde la raíz haciéndonos la pregunta de ¿es realmente necesario criar una vaca, para consumir su carne? Si hoy mismo, tuviéramos que replantearnos desde cero la industria cárnica, ¿cómo lo haríamos? ¿Cuál será, pues, la comida del futuro?

Los recursos naturales del planeta empiezan a dar muestras de saturación. La contaminación y el efecto invernadero son situaciones preocupantes en un contexto en el que algunos informes cifra en 1.100 millones las personas que pasan hambre cada día. Y, mientras el primer mundo investiga en vehículos autónomos, ciudades inteligentes, redes 5G, la sensorización de la sociedad o la inteligencia artificial, es algo que no va a ir a mejor. En ese sentido, Tetrick ha asegurado que Hampton Creek lleva más de un año con el proyecto de carnes limpias que considera uno de los elementos alimenticios del futuro. Su objetivo es tener un producto comercial en los supermercados a finales del 2018. Y que, producir este tipo de alimento es hasta diez veces más eficiente que hacerlo de forma tradicional. Además, de que, evidentemente, necesita menos energía, recursos y produce menos contaminación.

En su opinión, lo ideal es que los ciudadanos dejaran de consumir paulatinamente productos cárnicos y pescados por su sobreexplotación, pero eso es algo que no va a ocurrir. La idea es que, al igual que los fabricantes y empresas sueñan con un futuro conectado y robotizado, se den respuestas a una necesidad aún más básica. Por esta razón empiezan a surgir voces que animan a pensar en cómo mejorar la producción actual, ya que las previsiones son que durante el 2050 harán falta 1,2 billones de libras de carne para alimentar el mundo. Un cifra inalcanzable a día de hoy.

Utilizando algunos de los avances tecnológicos que se han dado en los últimos años, la «startup» promete un nuevo sistema de producción. El proceso de producción de esta llamada «carne limpia» es relativamente simple, según apuntan fuentes de la compañía. Las células se dividen constantemente en un bioreactor, que no es más que una cisterna, donde permanecen en una solución que las alimenta, igual que si estuvieran dentro de la placenta.

Impresión en 3D y «machine learning».

Después, estas células pasan por un proceso de secado y concentrado, para que, después, una bioimpresora 3D las imprima en la forma deseada. Al fin y al cabo, la carne no es más que una expresión de músculo y grasa. La clave de este proceso, que no es nada novedoso, y con el que se viene experimentando desde hace décadas, está en la alimentación de las células.

Hasta ahora, lo que se venía haciendo era utilizar los nutrientes extraídos de una placenta, lo que convertía el proceso en algo totalmente inviable económicamente. Gracias a su motor de descubrimiento de moléculas de plantas, la firma promete crear directamente alimento. «Fabricarlo», para entendernos. Una solución para alimentarlas, más sostenible y económica, consiguen hacer viable la carne a partir del cultivo de células.

Así podría ser la granja del futuro, tal y como la visiona Hampton Creek. Construida en colaboración con las empresas cárnicas tradicionales en cada país, gracias a su motor de descubrimiento de moléculas de plantas, que lleva años enriqueciendo a base de robótica y «machine learning», es capaz de crear el alimento de las células a base de plantas. Una solución para alimentarlas, más sostenible y económica, promete conseguir, por primera, hacer viable la carne a partir del cultivo de células.

Descubra cómo cargar su iPhone sin cables.

Apple implementará de seguro la carga inalámbrica en el iPhone 8, pero desde ahora mismo puedes olvidarte del cable de carga del iPhone que ya tienes, haciendo varias cosas.

Lo principal es la conveniencia. Y quizás esa sensación de superioridad cuando colocas casualmente el iPhone sobre el tapete de carga y piensas que tus amigos siguen usando ese cable Lightning que ya casi no sirve.

Es el método mediante el cual colocas el teléfono sobre un tapete de carga en vez de conectarlo al tomacorriente. Si queremos ser precisos, el nombre correcto es carga inductiva. Si tienes un cepillo dental eléctrico, se carga inductivamente con simplemente colocarlo sobre la base.

Probablemente el teléfono demorará más en cargarse. CNET identificó que el Galaxy S8 demora mucho más en cargarse con el tapete: 3.5 horas de manera inalámbrica, en comparación con 2 horas con el cable USB-C.

Además, hay que hacer algunas cosas para poder cargar el iPhone con un tapete. Primero tienes que comprar el tapete mismo y un adaptador que se coloca entre el teléfono y la cubierta.

Este adaptador de carga inalámbrica de DanForce tiene buenas reseñas en Amazon y cuesta menos de US$20. El adaptador, muy fino, se coloca entre el aparato y la cubierta, y tiene un cable corto que se conecta al puerto Lightning del iPhone. Se indica que es compatible con el iPhone 7, 7 Plus, 6S, 6S Plus, 6, 6 Plus, 5, 5S y 5C. Pero es posible que si la cubierta es muy gruesa, quizás no funcione. La descripción del producto indica que funciona con cubiertas de hasta 7 mm de grosor. Encontrarás numerosos adaptadores inalámbricos Qi para el iPhone en Amazon, pero las reseñas de los clientes no son todas positivas.

Ether, la criptomoneda que puede desbancar al bitcoin.

El bitcoin parecía ser la única criptomoneda y la que ocupaba la mayor parte del mercado digital, pero otra divisa virtual amenaza con desbancar al medio de pago descentralizado: Ether y su plataforma Ethereum.

El bitcoin creado en 2009 por Satoshi Nakamoto, un alias del que aún se desconoce la identidad real, tenía la funcionalidad de ser un intercambiador de valor digital que no dependiera de una entidad central de emisión de capital como el Banco de España. Dichas operaciones se realizan bajo la premisa del anonimato, donde los emisores y receptores se desconocen.

Bajo esa desintermediación nació un sistema de transferencias llamada blockchain o cadena de bloques. Su misión es la de funcionar como un sistema de operaciones en lugar de estar gestionada por un banco que apunta las transferencias. La premisa es que el acto notarial lo realizan numerosos servidores o nodos. Este sistema, según los expertos, aporta a las transferencias una mayor seguridad y confidencialidad, porque se guarda en un gran libro de operaciones desde que tuvo lugar la primera operación.

El ether le pisa los talones al bitcoin.

A pesar de que el inventor del bitcoin sigue siendo un misterio pese a las especulaciones de que podría ser un desarrollador llamado Craig Wright, el inventor de Ether tiene nombre y apellido, el programador y escritor ruso Vitalik Buterin. Este ingeniero de apenas 23 años ha creado una criptomoneda que en el último año ha subido su valor en bolsa alrededor de un 1.200%. A diferencia del resto de criptomonedas, el ether está asociado a una única plataforma (Ethereum) y únicamente puede ser utilizado dentro de la misma. El software permite desarrollar aplicaciones descentralizadas («dapps») que, según la asociación que lo regula, Ethereum Foundation, operan exactamente tal y como se programan, sin posibilidad de interrupciones, censura, fraude o interferencia de terceros.

Ether se lanzó al mercado de las criptomonedas en 2015, pero en su lanzamiento hubo una serie de problemas que generaron dos corrientes dentro de la plataforma. Cuando se desplegó en la cadena de bloques la funcionalidad de «smart contract» -contratos inteligentes-, un programa con diversas funcionalidades pero en este caso pensado para que los que invirtieran pudieran recuperar sus ganancias, un usuario vio un fallo y robó todo el dinero virtual. Tras un paréntesis, se generó la corriente de centralizar el desarrollo de Ethereum en un número más reducido de desarrolladores, al contrario que bitcoin pues se conocía al creador, mientras que otros siguieron por la línea de que no había que tener en cuenta esa cuantiosa pérdida de muchos inversores.

El auge de Ethereum se debe a las numerosas aplicaciones que se pueden realizar a través de una máquina virtual llamada Ethereum Virtual Machine (EVM), principalmente el software de contratos inteligentes. En ese programa se establecen unas reglas incorruptibles que se llevan a cabo como la propia ley del software, donde si una persona que realiza una transferencia, por ejemplo para pagar una matrícula universitaria, el programa no te dejará emplear ese dinero para un pago distinto. Bitcoin fue desarrollado para evitar fallos con la tecnología de la época, por ello está limitado a la hora de ir más allá de las transferencias. «Si quieren transferir sólo valor, para esa función bitcoin es más seguro, pero más lento. A nivel de liquidez, bitcoin tiene muchas más capitalización a día de hoy, al margen de que pagas menos comisiones», indica Víctor Escudero a ABC, consultor de ciberseguridad en Necsia.

Detrás de las criptomonedas hay todo un lenguaje de programación, ello ha hecho que las posibles aplicaciones detrás de Ethereum estén revolucionado el mercado digital y atrayendo múltiples inversiones, y es por ello que numerosas empresas españolas se hayan apuntado a formar el primer Consorcio de Blockchain en España. Pero el ether ha ido más allá de ser una moneda virtual, es todo un lenguaje de programación con infinitas posibilidades: transferencias inteligentes, smart contracts, sistemas de «crowdfunding», transparencia institucional y de ONGs o el voto temático. Ethreum carece de límites a diferencia de bitcoin, no existe el tope de 21 millones.

Así que el 1 de enero de este año un Ether costase alrededor de ocho dólares y ahora tenga un valor de aproximadamente 317 dólares. La volatilidad de la bolsa de las criptomonedas hace a los inversores estar muy presentes en el mercado de compra-venta, pero el interés que genera no proviene por su valor en bolsa, sino por los usos de la programación ejecutados en «smart contract».

El interés no reside en Ether, sino en el «smart contract» desplegado en la cadena de bloques de Ethereum. Aquellos que compran Ether, se ven obligado a efectuar dicha adquisición porque son necesarios para ejecutar el programa, «se utilizan como combustible para el pago por uso», señala Escudero.

Una burbuja a punto de estallar.

La especulación que rodea Ethereum viene de la mano de numerosas empresas que salen cada día a la bolsa digital sin regularización ninguna. Dichas «startups» no siguen requisitos ni auditoría, antes de su salida se genera una expectación entre los inversores a través de anuncios por Telegram, WhatsApp, Facebook, Linkedin y otras redes para que se invierta en ellas, mediante las cuales cada día llegan una media de siete mensajes.

Para invertir se compra una ficha digital llamada Token, que funciona como las acciones de la bolsa. Sin embargo, se genera mayor especulación alrededor de la venta posterior de ese Token por un precio mayor, que por la empresa en sí. El problema con estas ICOS es que carecen de un modelo de negocio estructurado y muy pocas saldrán adelante.

Por ende, el riesgo que rodea a las inversiones en Token son muy altos. «Las ICOS están saliendo todos los días», advierte Escudero, lo que está provocando que las transferencias en Ethereum estén tardando mucho en ocasiones, con la premisa de que «en un plazo indeterminado podría estallar la burbuja», añade este experto. El rumbo de estas inversiones podría desencadenar su regularización, lo que haría de las aplicaciones descentralizadas de las criptomonedas un fracaso. Con la carencia de sostenibilidad, solo se puede esperar que tras el estallido de la burbuja, haya un ecosistema saludable.

Bixby quiere ir más allá del móvil y dejar de ser un fiasco: Samsung prepara su propio altavoz inteligente.

La voz quiere ser un elemento más complementario dentro de la relación humano-máquina. Ante los avances en materia de aprendizaje automático y reconocimiento de audio, los asistentes virtuales empiezan a saltar del teléfono móvil a otros lugares.

Algunos vienen en forma de altavoz inteligente, como Amazon Echo, Google Home o Apple HomePod, pero en un futuro, probablemente, formen parte de la jungla de aparatos conectados que estén a nuestro alrededor. Y en esa batalla quiere reforzarse Samsung, cuyo software, Bixby, aunque no ha tenido el debut soñado, puede llegar a ser el corazón de un dispositivo para el hogar.

Según desvela el medio «Wall Street Journal», la firma surcoreana trabaja en un proyecto secreto, bautizado internamente como Vega, que pretende seguir la estela de la era del «Internet de las Cosas» que propone un mundo hiperconectado. La idea es que su asistente virtual también esté dentro de un altavoz inteligente que, al igual que sus rivales, puedan controlar algunas funciones del hogar con solo utilizar comandos de voz. Por el momento, se desconocen otros aspectos como su posible diseño o sus especificaciones técnicas, así como tampoco una fecha de disponibilidad. El mercado de los altavoces inteligentes aún no ha despegado. Sus escasas compatibilidades, aprovechar las potencialidades de los «smartphones» o el limitado uso de otros idiomas al margen del inglés son algunos frenos actuales. Además, las compañías se enfrentan al tratamiento de la información recibida y el uso de los datos personales de los usuarios.

Con este «gadget», Samsung aspira a sacudirse los problemas derivados del fiasco en el debut de Bixby cuando se comercializaron sus nuevos buques insignia, Galaxy S8. El asistente estaba llamado a ser una de sus opciones estrellas, pero ni su disponibilidad ni la mayoría de funciones prometidas estuvieron realmente listas. Ahora, la firma asiática tiene una oportunidad para resarcirse y, además, intentar desbancar al resto de sus competidores, aunque no tiene en su mano el factor tiempo.

Aunque se trata de un mercado en auge, los altavoces inteligentes existentes en la actualidad no responden a criterios estandarizados. Cada marca introduce sus propias propuestas y lo sincroniza con sus servicios adicionales.

Como es lógico, por otra parte, Alexa, el software utilizado por Amazon para sus dispositivos Echo, es uno de los más avanzados en estos momentos. Ha alcanzado las 15.069 funciones en Estados Unidos, según datos de Voicebot, aunque esos datos no suponen que se trate del asistente más avanzado.

De hecho, el informe «Rating the Smarts of the Digital Personal Assistants» pone de manifiesto que Assistant (Google) es el software de asistencia que más cuestiones de conocimiento general es capaz de responder (68,1%) y el que más aciertos alcanza (90,6%). En segunda posición se encuentra Cortana (Microsoft), con un 56,5% de respuestas y un 81,9% de coincidencias, seguido de Siri, el más conocido de todos al tratarse de Apple. En las pruebas sólo fue capaz de contestar el 21,7% de las veces con un nivel de acierto del 62,2% de las ocasiones.

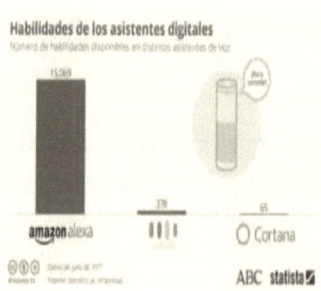

Cómo es y cómo funciona Hwasong-14, el misil balístico que Corea del Norte probó en el Mar de Japón.

Con una altitud de 2.802 kilómetros y un trayecto ininterrumpido de 37 minutos -más largo que ningún otro hasta el momento- el último misil balístico lanzado por Corea del Norte parece haber tenido un alcance mucho mayor que cualquiera de sus predecesores.

Salió disparado desde la costa oriental de la nación asiática, cubrió una distancia de 930 kilómetros y acabó muriendo en el Mar de Japón, según informaron fuentes militares de Japón y de Corea del Sur.

El lanzamiento se hizo horas antes de las celebraciones del 4 de julio de 2017en Estados Unidos, que conmemoran el Día de la Independencia del país norteamericano.

Corea de Norte anuncia que lanzó "con éxito" un misil balístico intercontinental.

¿Qué es un misil balístico intercontinental?

Ojiva. Está diseñado para poder llevar una cabeza nuclear. 5.500km es su rango mínimo, aunque puede llegar a recorrer una distancia de 10.000 km. 2 tipos de misil balístico de largo alcance habían sido mostrados por Pyongyang hasta ahora: el KN-08 y el KN-14. EE.UU., Rusia y China tienen este tipo de misiles.

Para el gobierno de Pyongyang, la prueba es un "hito" y una "culminación de una ambición de décadas".

A su vez, el lanzamiento ha puesto en alerta a varios países vecinos asiáticos, Corea del Sur, Japón y China, que temen una escalada de tensión internacional que pueda acabar en desastre.

Corea del Norte dice que el lanzamiento de su nuevo misil balístico intercontinental, bautizado como Hwasong-14, fue supervisado por el mandatario norcoreano, Kim Jong-Un. Sin embargo, el Comando del Pacífico de Estados Unidos (PACOM, por sus siglas en inglés) y el Departamento de Estado describieron el arma como un misil balístico de alcance intermedio (IRBM, por sus siglas en inglés).

¿Qué tiene de diferente este nuevo misil balístico y cómo funciona? ¿Cuánto poder y alcance tienen los misiles de Corea del Norte Hwasong-14?

Corea del Norte dice que su misil puede portar una ojiva nuclear pesada y que el país, "como Estado nuclear", tiene tecnología para fabricar misiles que puedan llegar "hasta cualquier parte del mundo".

Alcance de misiles de Corea del Norte.

Eso no ha sido probado, pero hay expertos que han asegurado que ese mismo misil pudo haber tenido un alcance máximo de unos 6.700 kilómetros con una trayectoria estándar; esto es, si hubiera hecho un recorrido más directo en lugar de dibujar una parábola. ¿Puede llegar a Estados Unidos? ¿Y llevar cabezas nucleares?

Las dudas que deja el misil balístico que Corea del Norte dice haber lanzado "con éxito".

"Ese rango podría no ser suficiente para llegar a los otros 48 estados o a las islas de Hawái, pero le permitiría arribar a Alaska", en el extremo noroccidental de Estados Unidos", escribió por ejemplo el físico David Wright, miembro de la estadounidense Unión de Científicos Preocupados (UCS, por sus siglas en inglés), en el blog allthingsnuclear.org. Asimismo, según declaró en Twitter Jeffrey Lewis, especialista en Corea del Norte del Instituto Middlebury de Estudios Internacionales en California, EE.UU., se trata de "un misil balístico que sería capaz de llegar hasta Anchorage (Alaska), pero no hasta San Francisco (California)".

En la actualidad, a falta de confirmarse el ensayo de Corea del Norte, sólo hay tres países que disponen de misiles balísticos intercontinentales: Estados Unidos, Rusia y China.

Estos misiles son artefactos diseñados para transportar cargas explosivas, usan tecnologías similares a los cohetes espaciales y parte de su trayectoria pasa por fuera de la atmósfera. Hacen un recorrido que se divide en tres fases o etapas: lanzamiento (se desprende la capa del misil), salida de la atmósfera y entrada en la atmósfera (detonación).

¿Qué es un misil balístico de alcance medio?

Su alcance es de entre 3.000 y 5.500 kilómetros. Son operados en la actualidad por India e Israel. Se cree que Pakistán, Libia e Irán también los están desarrollando. EE.UU., Rusia, China, Reino Unido y Francia ya los han usado.

La especialista en defensa Melissa Hanham, no obstante, dice que muchos continuarán mostrándose escépticos y que Corea del Norte aún tiene que demostrar que su misil puede teledirigirse y portar una cabeza nuclear.

"Desde un punto de vista técnico sus motores han demostrado tener el rango de un ICBM y este podría ser el comienzo de una trayectoria de Corea del Norte para fabricar un ICBM de un rango aún mayor", declaró la experta.

Solamente este año -y con este último lanzamiento- ya son 11 los ensayos de misiles balísticos por parte de Corea del Norte, que en 2016 llevó a cabo más de 20 pruebas de misiles. El pasado 14 mayo lanzó su misil

Hwasong-12, que según la agencia oficial del gobierno norcoreano alcanzó una altitud de 2.111 kilómetros. A los pocos días, el 21 de mayo, probó Pukguksong-2, que hizo un recorrido de 500 kilómetros.

Las conversaciones sobre el desarme nuclear de Corea del Norte llevan estancadas desde 2009.

¿Se puede combatir la obsolescencia programada? El Parlamento Europeo plantea una serie de medidas.

El pleno del Parlamento Europeo ha planteado este martes medidas para garantizar a los consumidores europeos productos duraderos y de alta calidad, así como para hacer frente a la obsolescencia programada tanto de productos tangibles como de programas informáticos.

En concreto, los eurodiputados han propuesto una definición europea del concepto de «obsolescencia» para bienes tangibles y soportes digitales, así como un sistema para analizar productos y detectar su obsolescencia programada. También plantean medidas disuasorias para los fabricantes.

Las propuestas sobre obsolescencia programadas forman parte de una resolución aprobada con 662 votos a favor, 32 en contra y 2 abstenciones que pide a la Comisión Europea, a los países de la UE y a los fabricantes «medidas para garantizar a los consumidores europeos productos duraderos de alta calidad y que sean reparables».

Ente las medidas planteadas por la Eurocámara está la de elaborar «criterios de resistencia mínima» por categoría de producto desde la fase de diseño. También han abogado por alargar la garantía de los productos si una reparación conlleva más de un mes. Por otro lado, el Parlamento Europeo ha apostado por dar incentivos fiscales para favorecer la fabricación de productos duraderos, de alta calidad y que sean reparables, así como a la reparación y a la venta de segunda mano, para «impulsar la creación de empleo y reducir el desperdicio».

Del mismo modo, los eurodiputados han defendido que se permita a los consumidores elegir un reparador independiente, en particular mediante la prohibición de soluciones técnicas, de seguridad o programas informáticos que impidan la reparación fuera de los canales autorizados.

Asimismo, el pleno de la Eurocámara ha subrayado que los componentes esenciales del producto, como las pilas o los LED, no deben ser «inamovibles», a no ser que no esté justificado por razones de seguridad. También han remarcado que las piezas de recambio indispensables de los bienes deben estar disponibles a un precio adecuado a la naturaleza y duración de la vida del producto.

Por último, el Parlamento Europeo ha pedido a Bruselas que estudie la creación de una etiqueta europea voluntaria que incluya la durabilidad del producto, el diseño ecológico, la capacidad de modulación de conformidad con el progreso técnico y la posibilidad de reparación.

El escandaloso fin del proyecto del TEB, el gigantesco autobús chino diseñado para elevarse por encima de los atascos.

La policía de Pekín arrestó a 32 personas por recaudación ilegal de fondos destinados al proyecto del Autobús de Tránsito Elevado (TEB, por sus siglas en inglés), una propuesta para evadir los atascos en las pistas.

La idea futurista de un vehículo que eleva a los viajeros por encima de la congestión atrajo atención internacional rápidamente cuando fue presentada en mayo de 2016 en la Exposición Internacional de Alta Tecnología de Pekín, donde los visitantes pudieron observar un minúsculo TEB en funcionamiento.

Pero pocos meses después, creció la especulación de que no era más que una estafa para captar fondos y el proyecto fue descartado en junio.

¿Fue una propuesta ingeniosa o una estafa?

TEB, el gigantesco autobús chino que se elevará por encima de los atascos.

En un comunicado, la policía dijo que estaban trabajando para recuperar los activos de los inversionistas. Uno de los arrestados es Bai Zhiming, el director ejecutivo de 47 años de la empresa TEB Technologies, que también es el fundador de la compañía de financiamiento Huaying Kailai Asset Management. Los otros 31 detenidos eran trabajadores de Huaying Kailai. A los inversionistas se les había ofrecido ganancias del 12% si ponían dinero en el proyecto, pero los medios de comunicación chinos dijeron que había sido una manera de atraerlos para comprar productos financieros.

Las dudas sobre el proyecto del gigantesco autobús chino que se eleva por encima de los atascos.

En China han ocurrido una serie de estafas en las que páginas web prometen grandes ganancias por el dinero invertido en nuevas empresas, un área ignorada por los bancos estatales del país.

Las dudas sobre el autobús -un vehículo eléctrico de 22 metros de largo, de casi 5 metros de altura y 8 metros de ancho- comenzaron a surgir cuando se suspendieron las pruebas programadas para después de la primera que se realizó, en agosto de 2016.

Muchos cuestionaban que el vehículo pudiera avanzar en las curvas o pasar bajo puentes. Los críticos preguntaban cómo doblaría en las esquinas o si era lo suficientemente fuerte como para soportar su propio peso y el de los pasajeros.

Otros observaron que el modelo utilizado en la prueba fue el mismo que habían presentado hacía seis años, cuando la idea surgió por primera vez en 2010, lo que sugería que no se había realizado ningún progreso técnico. También hubo confusión sobre si el autobús había sido aprobado por las autoridades, pero el periódico Financial Times informó que el gobierno de Qinhuangdao, en la provincia de Hebei, en el noreste de China, donde iba a funcionar el TEB, había dicho que invertiría US$1.500 millones en el proyecto.

En junio de 2017 los medios de comunicación chinos informaron que la estación de prueba del TEB en Qinhuangdao había sido demolida.

Túneles magnéticos para ir a 200 km/h

La polémica idea de Elon Musk, el fundador de Tesla, para revolucionar el tráfico en las grandes ciudades.

Las ideas futuristas de Elon Musk, el fundador de Tesla, cayeron del espacio al subsuelo en menos de un año.

Tras anunciar en febrero que enviará un cohete tripulado con turistas a la Luna en 2018, ahora el magnate nacido en Sudáfrica y residente en California trabaja en una nueva idea en las entrañas de la tierra.

Se trata de un proyecto de túnel que, según Musk, atravesará grandes ciudades para solucionar los problemas de tráfico y las congestiones en las autopistas.

Pero no será un túnel cualquiera. Será un canal magnético en el que los usuarios no necesitarán tocar el volante o pisar el acelerador: bastará colocar el auto sobre unas plataformas que lo bajarán al subsuelo, como en un ascensor, y ya ahí, lo transportarán a una velocidad de 200 kilómetros por hora.

El resultado, a ojos de Musk: cruzar Los Ángeles en cinco minutos o ir del aeropuerto de Chicago al centro de la ciudad en tres, sin congestiones, sin largas esperas, sin preocuparse por llegar tarde a ningún lugar distante.

Pero, ¿es realmente factible? Para parte de la comunidad científica, no, pero sí para la imaginación de Musk y de su equipo, que ya concluyeron la primera fase de pruebas en las profundidades de Space X, el laboratorio de estudios espaciales que dirige en California.

Solución al tráfico.

El primer chispazo de la idea apareció a finales del año pasado, cuando el promotor de la comercialización del automóvil eléctrico se quejó en un tuit de los problemas del tráfico y prometió encontrar una solución. No dijo cuál sería. Sólo anunció que construiría una máquina excavadora y que comenzaría a perforar. Nada más.

Pero en abril lanzó una nueva empresa, Boring Company, y desde entonces comenzó a hacer pruebas y a diseñar posibles alternativas tecnológicas para su implementación. A medida que pasaron los días se conocieron nuevos detalles: la idea sería excavar hasta 30 niveles de túneles debajo de las autopistas, pero con agujeros de menor tamaño y con equipamientos de perforación más económicos que los tradicionales, para abaratar costos.

La semana pasada, Musk aseguró que los trabajos de prueba realizados con la excavadora que creó con estos fines, llamada Godot, habían concluido y que próximamente el canal subterráneo estaría listo para comunicar el estacionamiento con las instalaciones de Space X.

De la prueba a la acción.

Fuera de la prueba, los primeros tramos, en caso de realizarse, conectarían el barrio de Westwood con el aeropuerto de Los Ángeles, en California, y el centro de Chicago también con su aeropuerto internacional.

De hecho, la pasada semana Musk sostuvo conversaciones con el alcalde de Chicago, Rahm Emanuel, para negociar la posible construcción del túnel en esa ciudad.

Aunque la prensa local señaló que un equipo del gobierno de la ciudad viajó hasta California para entrevistarse con el inventor y discutir estrategias, tras el encuentro de finales de junio de 2017 los comentarios de Emanuel fueron más conservadores.

Dijo que las conversaciones están en una "etapa preliminar" y que aún tiene que valorar por qué este proyecto sería más factible que otras alternativas presentadas desde hace años para mejorar la comunicación entre la ciudad y su aeropuerto. Las dudas que rondan la idea de Musk no sólo se orientan a los miles de millones de dólares que requeriría su materialización y a la necesidad de apoyo de inversores privados.

Se extienden a los riesgos que implicaría por tratarse de una tecnología no probada y, hasta el momento, descabellada. Como en la mayor parte de las ideas del magnate, las opiniones se dividen entre quienes lo consideran un excéntrico y quienes lo ven como un visionario.

Las grandes incertidumbres.

Desde su anuncio, el proyecto de Musk, ha sido cuestionado duramente por una gama de expertos, desde geógrafos hasta ingenieros.

Entre las principales críticas se encuentra la ausencia de un plan sólido para la construcción, más allá de la futurista idea general, y los problemas o peligros potenciales para la vida humana que podría traer una tecnología que no se ha probado suficientemente. Muchos le han cuestionado no tener en cuenta elementos básicos como las condiciones de los terrenos para su perforación y la oposición que puede encontrar en los barrios o comunidades por las que atravesaría el túnel.

Por otra parte, muchos ingenieros civiles aseguran que la idea falla desde su propia concepción, pues las potencialidades de los túneles para reducir los problemas de tráfico están cada vez más en duda.

Del otro lado, adictos a las nuevas tecnologías y seguidores de la ciencia ficción mostraron su apoyo a la idea, como lo han hecho tradicionalmente con cada nuevo proyecto del inventor, ya sea conectar el cerebro humano con la inteligencia artificial o crear una "ciudad autosuficiente" en Marte.

Musk asegura que su proyecto para solucionar el problema del tráfico tiene más solidez que el de otras empresas de Silicon Valley, como los autos voladores de Google que, en su opinión, además de desafiar las leyes de la física, generarían ruidos o molestas corrientes de viento.

El árbol creado en Alemania que absorbe la contaminación del aire en la ciudad como si fuese un pequeño bosque.

Un bosque condensado en un árbol.

Y no es un árbol cualquiera: es cuadrado, no tiene tronco y sus hojas son de musgo.

El sorprendente valor de los árboles para combatir la contaminación en el aire de las ciudades.

Es el llamado CityTree (o árbol de la ciudad), una estructura móvil creada por un grupo de diseñadores alemanes que busca mitigar uno de los problemas ambientales más graves que sufre el planeta: la contaminación del aire. Según sus creadores, este árbol tiene la capacidad de absorber dióxido de nitrógeno y partículas del aire como lo harían 275 árboles naturales.

Cada uno de ellos, dicen, absorbe 250 gramos de material particulado por día, y captura 240 toneladas métricas de CO2 al año.

Bajo mantenimiento.

Desarrollada en Alemania, esta instalación es en realidad una pared de musgo, una planta acostumbrada a vivir sin tierra y que funciona naturalmente como un filtro del aire.

"El musgo puede acumular todas las partículas contaminantes y transformarlas en nutrientes", explica Liang Wu, cofundador de Green City Solutions, la compañía que desarrolló el árbol.

Hay cientos de especies de musgo. Las especies seleccionadas son las que más contaminantes absorben y las que se adaptan mejor a cada clima y ambiente, según cada ciudad.

Actualmente, estos árboles están en 25 ciudades en todo el mundo (Módena, Oslo, Hong Kong, Glasgow, Bruselas, y en varias ciudades alemanas). Instalarlos demora unas 6 horas y su mantenimiento es sencillo. La instalación (que puede incluir un banco para sentarse) tiene paneles solares que le dan electricidad y un sistema para recolectar agua de lluvia que permite dosificar el riego.

El árbol tiene incorporados sensores que controlan la humedad del suelo, la temperatura del aire y la calidad del agua. También tienen un sensor para medir la calidad del aire y evaluar su eficiencia.

¿Estrategia equivocada?

Todos estos beneficios tienen un costo. Plantar y mantener un árbol tradicional cuesta alrededor de US$ 950 por década. Un CityTree supone un costo de US$ 28.000.

Muchos entonces se preguntan si no es mejor invertir estos esfuerzos -y dinero- en proyectos que ataquen directamente la fuente de origen de la contaminación y no sus consecuencias.

Así será el iPhone 8 según los analistas.

El hermetismo de Apple en otras épocas ya no existe. Su caja de los secretos suele abrirse antes de tiempo, tal vez por motivos estratégicos (causar expectación) o para adelantarse a la competencia (quien lo anuncia antes se lleva el gato al agua). En el año de su décimo aniversario, el próximo modelo de iPhone, cuyo nombre podría variar entre iPhone 8 y iPhone X, el gigante de la tecnología busca un revulsivo que vuelva a sorprender.

La maquinaria de la rumorología lleva tiempo a pleno rendimiento. Se espera que su presentación se produzca en las primeras semanas de septiembre. Por ahora, ha trascendido que la firma de la manzana está trabajando en un diseño más espectacular que sus predecesores, eliminar la mayor parte de los bordes para entregar una parte frontal cubierta casi en su totalidad por una pantalla y algunas funciones extraordinarias, aunque algunos problemas técnicos en su fabricación puede llevar a cancelar algunas ideas.

En varios aspectos coinciden Mark Gurman (de Bloomberg) y Ming-Chi Kuo (de KGI Securities), dos de los analistas a los que se suelen atribuir certeros vaticinios. En este caso, se habla de la posibilidad que el próximo iPhone incorpore un revolucionario sistema de reconocimiento facial entre otras tantas novedades.

Tres modelos diferenciados por tamaño.

La idea más extendida y que más fuerza tiene es que Apple planea lanzar hasta tres nuevos modelos de iPhone este año. Los dos primeros contarán -según Ming-Chi Kuo- con pantallas tipo LCD como los actuales y que estarán diferenciados por tamaño, de 4.7 y 5.5 pulgadas. Un tercero, el más avanzado y posiblemente el más caro, incluirá una pantalla OLED de 5.8 pulgadas, un tipo de panel ya utilizado en otros teléfonos móviles avanzados y que generan altos contrastes y colores intensos.

Alta proporción de pantalla y cuerpo.

En los últimos meses, los principales fabricantes de dispositivos móviles se han sumado a la corriente de crear «smartphones» cuya proporción entre la pantalla y el chasis sea mayor que otras temporadas. Samsung, LG, Xiaomi o Vivo han diseñado sendas propuestas que logran este objetivo, la de dejar una sola pantalla en la parte frontal. Y este reto es lo que también está tratando de lograr Apple. Según el analista asiático, el modelo iPhone

OLED tendrá un diseño muy radical al contar con la «más alta proporción de pantalla y cuerpo» de todos los teléfonos inteligentes conocidos hasta la fecha.

Sin botón físico, sin escáner en la pantalla y sin huella.

Otro aspecto que se ha rumoreado hasta la saciedad es la eliminación del botón físico en la parte frontal, una seña de identidad de los iPhone que, según Chi Kuo, tiene los días contados. En su momento se habló, además, que la pantalla integraría el escáner de huella dactilar, una tecnología por la que también se ha interesado Samsung o Vivo pero que, sin embargo, todavía no está lo suficientemente madura y consistente para su integración. Esa futurista visión ofrece, por ahora, una serie de problemas técnicos y lo que ha llevado a Apple, según los analistas, a abandonar sus planes iniciales. Ello lleva a una reflexión: o la marca queda forzada a mantener un lector de huellas  dactilares pero en la parte trasera o, por el contrario, y en una decisión difícilmente comprensible, abandonaría el lector.

Reconocimiento facial más seguro.

Ambos analistas coinciden en que la configuración de la cámara frontal del iPhone 8 soportará reconocimiento facial 3D con una tecnología más avanzada que las propuestas ya existentes en el mercado.

Este sistema estará enfocado a desbloquear la pantalla con sólo mirar a la cámara, autorizar pagos móviles y abrir aplicaciones seguras escaneando simplemente el rostro, señala Gurman, quien considera que este método cobrará mayor fuerza que el actual Touch ID al ofrecer una alta velocidad de reconocimiento y tendría una capa de seguridad más elevada.

El modelo de 4.7 pulgadas, sin embargo, conservará un único objetivo, llevando nuevamente la doble lente a los modelos de mayor tamaño.

Más potencia y un chip «inteligente».

En cuanto a sus especificaciones técnicas, y aunque resulte algo lógico, tendrá mayor potencia que sus predecesores, aunque en este caso se optará porque el iPhone de 4.7 pulgadas albergue 2 GB de memoria RAM, mientras que los modelos iPhone 7S Plus (de 5.5 pulgadas) y el iPhone 7 (de 5.8 pulgadas) alcancen los 3 GB de memoria RAM. Todos ellos, además, vendrán en dos versiones de 64 o 256 GB de almacenamiento. Otro detalle a tener en cuenta es que el chip incorporado, A11, añadirá algún sistema basado en inteligencia artificial para que «aprenda» del uso de los propios usuarios y actúe en consecuencia.

Puertos propios.

Los nuevos iPhones de Apple, obviamente, contarán con puertos Lightning, pero soportarán circuitos de suministro de energía USB-C incorporados para lograr un sistema de carga más rápida. Se ha especulado también con la posibilidad de incorporar un sistema de carga inalámbrica, aunque todo apunta que se tratará de un método por inducción como sucede en el caso del Apple Watch -el reloj inteligente de la marca- o algunos teléfonos como el Galaxy S8, de Samsung.

Sonido estéreo.

Entre otras predicciones que manejan los analistas se encuentran la posibilidad que el iPhone 8 renueve su sistema de audio con altavoces actualizados y un mejorado sonido estéreo.

Pocas opciones de color.

Las últimas predicciones señalan que el iPhone 8 no se lanzará con tantas opciones de color como sucediera en los anteriores iPhone 7. La idea más extendida es que estarán disponibles en un chasis con elementos de vidrio y colores oscuros.

Otro aspecto en que Telegram supera a WhatsApp: grupos de hasta 10.000 integrantes.

La «app» de mensajería rápida Telegram ha implementado en su última actualización una ampliación del tope de usuarios de los chats de grupo hasta los 10.000, así como una mayor capacidad de configuración de los privilegios de administrador para gestionar mejor estos supergrupos.

La nueva versión 4.1 de la aplicación ha habilitado a los administradores una función de búsqueda de usuarios concretos dentro de estos grupos masivos, accesible a través de un botón situado en la esquina superior derecha de la pantalla de «Información de grupo». Telegram prevé que esta función facilite a los administradores la gestión de grupos «del tamaño de una ciudad decente», según se recoge en la página web de la aplicación.

Los gestores de los supergrupos de la «app» pueden seleccionar ahora a otros usuarios para que asuman varias funciones de la administración. Estos privilegios configurables son, entre otros, la posibilidad de borrar mensajes, cambiar la información del grupo, banear otros usuarios o añadir nuevos administradores.

Pero además, los responsables de los grupos de Telegram pueden fijar de forma individual las restricciones de cada usuario. A través de un menú, el administrador puede permitir o impedir que el participante en el supergrupo lea o envíe mensajes, envíe contenido multimedia, «stickers» o GIFs, y publique enlaces a través del chat masivo.

Para facilitar la gestión de grupo con varios administradores, Telegram ha habilitado un histórico de cambios en la configuración del grupo donde se pueden ver todos los cambios introducidos en la gestión del mismo, así como el nombre del administrador que ha realizado cada acción.

Israel: donde la ciber seguridad es lo primero.

Si hay un país en el mundo volcado en su seguridad, tanto física como cibernética, ése es Israel. Su situación geoestratégica y sus conflictos históricos han llevado a este pequeño Estado de 8,5 millones de habitantes a anteponer la seguridad por delante de todo (incluso a veces sobre la privacidad). La autoprotección, la convicción de estar amenazados de forma constante y el claro apoyo del Gobierno y el ejército, han desembocado en un sector de la seguridad informática que es referente mundial y pilar de la economía local.

Si Barcelona es la ciudad de las startups del 'retail' y Londres el centro financiero europeo (a expensas del brexit), Israel es el país de la ciberseguridad. Actualmente cuenta con más de 400 empresas emergentes (startups) dedicadas a este sector, y el año pasado el 20% de la inversión mundial en empresas de seguridad fue para compañías de Israel. Países de todo el mundo acuden a firmas o expertos del país para ser asesorados, todo un logro para esta economía relativamente pequeña que tiene entre ceja y ceja la protección de sus ciudadanos (tanto física como virtual).

Los orígenes.

"Si quieres defender tu país del ataque de un avión, antes podías dispararle. Otra manera de hacerlo era 'atacarlo' económicamente (restricciones comerciales). Entre los 80 y los 90 apareció otra forma de hacerlo: introduciendo malware en las computadoras de los enemigos", resume el profesor Isaac Ben Israel, uno de los 'padres' del sector de la ciberseguridad en Israel. "Nos dimos cuenta de que con un ataque así podíamos por ejemplo detener una planta eléctrica de otro país, atacar las infraestructuras críticas, agrega, pero con el inconveniente de que también vieron que los países limítrofes no estaban informatizados... es decir, Israel podía ser el objetivo de los ataques.

En el 2016, el 20% de la inversión mundial en firmas del sector fue para empresas de Israel.

El Gobierno detectó 36 sectores clave (transporte, centrales eléctricas, comunicaciones, bancos...) y trabajó con ellos para buscar la forma de protegerlos (algunos no quisieron, como el bancario). Así, empezó una fascinación por la protección contra ataques informáticos que aún dura hoy en día, y que tiene pleno apoyo del Gobierno no sólo a través del ejército, sino también con la creación de planes nacionales, agencias especiales, vinculación de las universidades y apoyo a los emprendedores. En la Cyber Week 2017, que se celebró en Tel Aviv, el primer ministro Benjamin Netanyahu dijo que cada mes reciben "docenas de ataques informáticos a nivel nacional de los sopechosos habituales. La estrategia del Gobierno es clara: recursos y más recursos para esta cuestión de Estado que tiene retorno económico".

Las cifras.

Israel ha creado así un pequeño imperio de la ciberseguridad. Empresas como Check Point (2.200 empleados en todo el mundo, más de 1.500 millones de facturación) o CyberArk (más de 800 trabajadores, 190 millones de ingresos) son referentes mundiales. Cada año se producen compras millonarias de firmas israelíes (Intel adquirió a principios de 2017 Mobileye por 14.300 millones), y más de 25 multinacionales de todo el mundo (Microsoft, Intel, Deutsche Telekom, Paypal…) tienen centros de I+D en el país.

Según explica el responsable de ciberseguridad en el Instituto de Exportaciones israelí, Achiad Alter, las exportaciones de este sector alcanzan los 3.500 millones de euros (la facturación total es de 5.700 millones), lo que hace que sólo Israel sea el 10% del mercado mundial de la ciberseguridad. La educación también se ha volcado en este ámbito, con carreras especializadas en ciberseguridad (en la Universidad de Tel Aviv en todas las carreras hay algunas materias sobre esta cuestión) y ciudades como Beer Sheva, han pasado de ser puro desierto a convertirse en referentes en este ámbito con una universidad que forma a los futuros expertos del sector.

Cómo defenderse.

Unas 25 multinacionales han instalado en el país centros de I+D sobre seguridad.

La ciberprotección se ha convertido en un problema de escala mundial, como lo demuestran ataques del Wannacry o el NotPetya. "Muchas compañías no tienen un plan de seguridad hecho", denuncia Yael Fainaro, vicepresidenta de desarrollo corporativo de CyberArk. "Es el primer paso para poder afrontar cualquier emergencia, como también lo es protegerse adecuadamente y pensar que todos somos vulnerables. No hay que pensar que los virus pueden entrar. Hay que asumir que los virus ya están dentro de la empresa", agrega, para explicar la urgencia de protegerse con algo tan simple como "actualizar los equipos con las últimas versiones de los programas". Eso sí, los 'hackers' parecen tener ahora un nuevo objetivo: los móviles. "Los móviles son computadoras y no pensamos en protegerlos", asegura el consejero delegado de Check Point, Gil Shwed.

Israel seguirá apostando por este sector como base de su economía. El país no facilita datos oficiales sobre cuántos ataques reciben al año, pero es cierto que por ejemplo el Wannacry apenas tuvo incidencia. Eso sí, algunos expertos como el coronel retirado Rami Efrati (28 años como oficial de inteligencia en el ejército), defienden que en algunos casos se debe anteponer la ciberseguridad a cuestiones como la privacidad de los ciudadanos.

El iPhone cumple sus 10 años en el mercado.

El revolucionario teléfono móvil iPhone cumplió en 2017 diez años desde que su primera generación llegó a las tiendas, un periodo en el que el gigante tecnológico Apple ha vendido más de mil millones de unidades de su producto estrella.

"El iPhone es más que una compañía constante, es una parte esencial de nuestro día a día", afirmó el consejero delegado de la compañía, Tim Cook, en 2016, cuando anunció que el teléfono había superado esa cifra de ventas.

En su décimo aniversario, en una publicación en su perfil de Twitter, indicó: "Brindo por el iPhone que cambió el mundo, por el hombre que lo soñó y por la gente de Apple que nunca ha dejado de mirar por su futuro".

El primer iPhone, únicamente compatible con AT&T, se puso a la venta el 29 de junio de 2007 por 499 dólares en su versión más económica, la que dejó intuir el fallecido cofundador de Apple, Steve Jobs, seis meses atrás durante una presentación en San Francisco dentro del marco de la Macworld Expo. EFE

China fracasa en lanzamiento de su cohete espacial Larga Marcha 5 Y2.

China anunció este domingo el "fracaso" de una misión espacial para poner en órbita un satélite de comunicación, poco después del despegue de su cohete Larga Marcha 5 Y2, un tropiezo en el ambicioso programa aeroespacial lanzado por Pekín.

El cohete, segundo lanzado más pesado de China, habría despegado a las 19H23 (11H23 GMT) desde el centro espacial de Wenchang en la isla meridional de Hainan, según imágenes de la televisión estatal.

Pero "varias anomalías se produjeron en el pilotaje del cohete y la misión de lanzamiento fracasó" indicó poco después de las 12H00 GMT la agencia de noticias estatal Xinhua.

Se llevará a cabo una "investigación (...) para analizar los motivos del fallo" añadió esa fuente.

El lanzador Larga Marcha 5 Y2, que puede transportar hasta 25 toneladas, trasportaba el satélite de comunicación experimental Shijian-18 (7,5 toneladas) para colocarlo en órbita.

El objetivo del satélite era mejorar el acceso a internet y la recepción de canales de televisión en el conjunto del territorio chino.

El país asiático lanzó en noviembre de 2016, desde la misma base espacial, su primer cohete Larga Marcha 5 Y2 presentado entonces como el lanzador más potente de la historia de China.

El fracaso del lanzamiento de este domingo supone un inusual contratiempo en el ambicioso programa aeroespacial chino, en el que el régimen comunista ha invertido miles de millones de dólares para intentar reducir su retraso respecto a Europa y Estados Unidos.

Pekín considera la conquista del espacio, coordinada por el ejército, como un símbolo de la nueva potencia del país dirigido por el Partido Comunista.

¿Qué son los "cookies" y qué peligro representan para el computador?

Es muy común que al navegar por internet, diversas páginas soliciten que el usuario acepte "cookies" informáticas, y este lo hace sin conocer, realmente, qué son.

Generalmente se aceptan sin pensarlo y sin leer el mensaje "Las cookies nos permiten ofrecer nuestros servicios. Al utilizar nuestros servicios, aceptas el uso que hacemos de las cookies" claramente, quizás porque se necesita accesar a la información con urgencia y no hay tiempo de indagar qué son las cookies.

Cookies: Programas Espías.

Son archivos informáticos muy, muy pequeños que envían los sitios web y se almacenan en los navegadores para obtener datos del usuario.

La información que obtienen estos pequeños archivos son esenciales para la publicidad de las empresas, pues gracias a ellos pueden conocer qué le gusta y en qué se interesa la persona y así ofrecerle una publicidad adecuada.

A diferencia de lo que muchos creen, no son gusanos informáticos ni ningún tipo de virus, tampoco son spam.

¿Qué tipo de información recaudan?

- Direcciones y contraseñas del correo electrónico.
- Nuestro número de teléfono y dirección.
- Dirección IP.
- El sistema operativo de la computadora.
- Cuál navegador está en uso.
- Páginas visitadas con anterioridad.

Características:

Pueden ser propias: Se generan en la web que se está visitando.

Pueden ser de terceros: Pertenecen a una página externa.

Pueden ser temporales: Sólo duran mientras la sesión está abierta en el navegador, al cerrarlo, desaparecen.

Pueden ser permanentes: se almacenan en el navegador.

Para qué se usan los cookies mayormente.

Según un reporte de la Unión Europea sobre protección de datos que analizó cerca de 500 páginas web, el 70% de las cookies son de terceros y rastrean la actividad que se genera para ofrecer publicidad personalizada.

Otras sirven para personalizar el servicio que ofrece el sitio web, en función del navegador en uso. Y otras son "técnicas" y sirven para controlar el tráfico, identificar el inicio de sesión del usuario, almacenar contenidos o permitir el uso de elementos de seguridad.

Cómo borrarlas, ¿qué consecuencias trae?

Las cookies ayudan a mejorar la experiencia en internet, ya que evitan el hecho de tener que rellenar formularios con nombres y contraseñas cada vez que se ingrese al mismo sitio. Ayudan a que las páginas web carguen más rápido.

Vaciar o eliminar estas cookies hará que se borren las configuraciones de aquellos sitios web, es decir, nombres de usuario o contraseñas, por lo que funcionarán más lentamente.

Sin embargo, el universo digital es muy extenso y el usuario está acostumbrado a visitar una página tras otra, algunas que quizá no vuelva a visitar en mucho tiempo. Cuando ya hay un gran número de cookies almacenadas, al entrar a una página, el navegador buscará una por una la cookie deseada, por lo que la carga se ralentizaría en vez de ser justo lo contrario.

Es conveniente borrarlas de vez en cuando para evitarlo, así como para evitar que hagan seguimiento de información personal, y en todo caso conservar las cookies de páginas que frecuentemos con mayor periodicidad.

Para borrar las cookies, simplemente debe accederse a la sección de **Herramientas del navegador**, y luego click en **Borrar datos de navegación**.

Facebook, Microsoft, Twitter y YouTube se unen para combatir contenidos terroristas.

Facebook, Microsoft, Twitter y YouTube (Google/Alphabet) crearon el "Foro Mundial de Internet contra el Terrorismo", según se podía leer en el blog de Twitter este lunes, en un nuevo avance de estos gigantes de las redes sociales en el combate contra los contenidos yihadistas.

Los cuatro grupos ya habían anunciado en diciembre una alianza global para combatir contenidos de carácter terrorista, incluyendo la creación de una base de datos compartida.

De acuerdo a estas compañías, "al trabajar juntos, compartiendo las mejores herramientas tecnológicas y de organización, podemos tener un mayor impacto en la amenaza que representan los contenidos terroristas online"- se puede leer en el blog.

Esta nueva estructura organizativa prevé colaboraciones con grupos de la sociedad civil, entes académicos, gobiernos y organizaciones como la Unión Europea y las Naciones Unidas.

Las acciones de este foro se focalizarán en soluciones tecnológicas para mejorar la forma en que se pueden buscar y eliminar de manera automática los contenidos no deseados y esta información se compartirá entre todas las compañías.

Estados Unidos, la Comisión Europea y otros gobiernos han llamado en los meses recientes a que se intensifique en las redes sociales la lucha contra la propaganda yihadista.

Panasonic presenta su cámara compacta Lumix TZ90.

La firma Panasonic acaba de anunciar la disponibilidad en el mercado de una nueva cámara de bolsillo con un zoom óptico de 30x (equivalente a una cámara de 35 mm: 24 -720 mm) que responde a las necesidades de los viajeros. Otras funciones destacadas para ese tipo de uso son la 4K Photo, un sensor mejorado y una nueva pantalla abatible.

Nueva cámara Panasonic Lumix TZ90

El objetivo ultra gran angular de 24 mm aumenta las posibilidades de la fotografía, extendiéndose a 720 mm en el extremo del teléfono. Se trata de un objetivo LEICA DC VARIO-ELMAR que cumple con los estándares de Leica, lo que da como resultado más nitidez, así como una notable reducción de la distorsión. El estabilizador Power O.I.S ayuda a mantener la imagen fija, sea cual sea la distancia focal que se esté usando.

Un nuevo sensor MOS con una sensibilidad de 20.3 megapíxeles mejora la resolución de la predecesora de la TZ90: la TZ80 (18.1 megapíxeles). Combinado con el procesador Venus Engine, la calidad de las tomas se asegura en diferentes escenas, incluso con poca luz.

Reconocimientos.

La marca ha conseguido tres premios de la Technical Image Press Association (TIPA) 2017, los galardones más prestigiosos en el ámbito fotográfico y de imagen. La Lumix GH5 ha sido distinguida como la mejor cámara fotográfica y de vídeo profesional, mientras que el premio a la mejor cámara superzoom ha caído en manos de la FZ82. El objetivo Lumix G X Vario 12-35 mm, es el mejor objetivo CSC de zoom estándar, según el jurado de los premios TIPA.

Chatbots, la revolución en las tiendas virtuales.

A medida que el consumidor está más cómodo haciendo uso del universo digital, las empresas de moda se están viendo obligadas a acercarse al cliente: la novedad son los «chatbots». Se trata de aplicaciones informáticas de inteligencia artificial que pueden facilitar todo tipo de operaciones online al cliente, sin ayuda ni intervención humana.

Con Siri de Apple como antecesor, estos programas robotizados permiten una tremenda variedad de acciones y respuestas en sintonía con las necesidades del comprador. Pueden aceptar suscripciones, contestar a preguntas, resolver ciertos problemas o entablar una conversación escrita e incluso hablada de modo rápido y resolutivo.

Pero lo que más identifica a los chatbots es su capacidad de contestar a los clientes como si se tratase de personas, de modo que puedan pasar el «Test de Turing». Dicho test fue una de las numerosas creaciones informáticas que Alan Turing llevó a cabo, bien reflejado en la película «The Imitation Game» protagonizada por Benedict Cumberbatch y Keira Knightley. El «Test de Turing» determina si el participante en una comunicación a distancia es una máquina o un ser humano, objetivo este último de los «chatbots» actuales.

Son muchas las empresas que ya utilizan sistemas de «chatbots» en tiempo real. Amazon ha comenzado a trabajar con su Echo, que permite hacer pedidos verbalmente y escuchar música, mientras que su Echo Look presenta una cámara activada por voz que permitirá tomar «selfies» del cliente para aconsejarle prendas de ropa adecuadas a su físico.

En el mundo de la moda, un chat ayuda a elegir talla, a gestionar una devolución, a resolver dudas sobre el corte de una prenda, a informarse sobre los detalles de un pedido a medida, a imaginarse con un modelo en concreto en una fotocomposición ficticia, a devolver una prenda por otra o a entrar en una lista de espera para un artículo. Las grandes marcas de la industria del lujo también quieren facilitar el camino a una clientela cada vez más acostumbrada a operar online, a consultar las redes antes de visitar un establecimiento comercial, a comprar directamente tras el desfile o a elegir su vestuario sin ni siquiera probárselo.

Es así como Burberry, más pionero en temas digitales que en temas de diseño, lanzó su chatbot durante la Semana de la Moda de Nueva York en 2016, ofreciendo la posibilidad de realizar pedidos anticipados de piezas u obtener información sobre la pasarela en vivo. Tommy Hilfiger puso en funcionamiento su chatbot en septiembre del 2016, cuando se anunció la colaboración de la modelo Gigi Hadid con la casa neoyorquina. Ofrece consejos sobre estilismos aconseja al cliente que busca un nuevo atuendo, permite comprobar si existe stock de una pieza y con voz cantarina y espontánea engatusa a su enorme clientela de millennials.

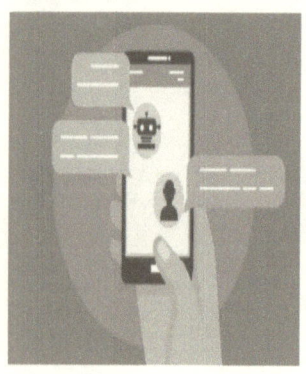 Prestigiosas marcas de relojería, como Audemars Piguet o Jaeger-LeCoultre se han unido a la iniciativa de crear sus propios chatbots, conscientes de que los fans de las marcas pueden disfrutar visitando en vídeo las sedes de la empresa, elegir una correa determinada o conocer en vivo los detalles de las complicaciones de algún reloj concreto. Se calcula que los «bots» pueden responder bien a un 30% de las peticiones que un cliente realiza. ¿Pero, qué hay del otro 70%? El servicio personal y la creatividad humana no serán fácilmente sustituibles.

WhatsApp prepara un modo nocturno pero de una forma diferente a lo que estamos acostumbrados

Como hicieran con anterioridad redes sociales como Twitter y otras tantas, WhatsApp está considerando introducir un modo nocturno. Se trata de una solución cada vez más extendida y que una vez activado, muestre menos brillo desde el teléfono móvil para evitar problemas oculares en condiciones de baja luminosidad. Sin embargo, la propuesta que estudia la aplicación de mensajería tiene que ver más con las fotos.

Según se puede extraer del servicio de traducción de la «app», se ha solicitado una nueva función, llamada modo noche, que a diferencia de otros modos similares existentes en otras plataformas, WhatsApp lleva esa experiencia al apartado fotográfico. Esta nueva característica se asocia a la cámara del propio servicio, permitiendo mejorar algunos aspectos de las fotografías tomadas en condiciones de baja iluminación.

Aunque no está confirmado, esta función tendría sentido dado que las cámaras disponibles en las aplicaciones de terceros suelen ofrecer peor rendimiento que las de las específicas para esta tarea. En caso que finalmente se introduzca esta novedad, el usuario dispondrá de varias opciones en su cámara como hacer zoom, apagar o encender el flash, seleccionar la cámara principal o la frontal y ahora un original modo nocturno para mejorar la calidad de las imágenes.

Por ahora se desconocen más detalles al respecto y tampoco se sabe si finalmente llegará, aunque en anteriores ocasiones las novedades de WhatsApp han llegado paulatinamente. De momento, una de las opciones que se esperan con más interés es la posibilidad de fijar tres chats en la pantalla de inicio y anular el mensaje enviado, una característica ya confirmada por la empresa pero que todavía no se ha puesto en marcha.

Fujifilm SQ10, la cámara de la generación Instagram que imprime fotos.

Los aficionados a Instagram están de enhorabuena. También lo están los de las cámaras clásicas que prefieren las fotos en papel. ¿El motivo? La japonesa Fujifilm ha decidido unir ambas generaciones con el lanzamiento de la cámara híbrida Fujifilm SQ10, que toma fotos en formato digital cuadrado pero, al mismo tiempo, permite retocar e imprimir las fotos en la misma cámara.

La gama Instax (cámaras tipo Polaroid que sacan fotos en papel) es un éxito entre el público joven de todo el mundo. Fujifilm ha encontrado un nicho de mercado hasta ahora poco explotado y ha decidido seguir ampliando su público con productos más avanzados y que incluyen nuevas funciones.

El ejemplo más claro es la Fujifilm SQ10. Se trata de la primera cámara instantánea híbrida del mercado, que combina impresión analógica con óptica y retoque digitales.

A la práctica, el usuario podrá tomar fotos cuadradas como si de un móvil o una cámara digital se tratase. Una vez tomada, puede ver esa fotografía en la pantalla que incorpora (LCD de 3 pulgadas), aplicarle filtros (hasta 10 diferentes) y elegir la mejor toma (como si de Instagram se tratase). Pero al mismo tiempo la cámara incorpora su propia impresora, por lo que el usuario puede sacar esa foto en formato papel en pocos segundos.

OnePlus 5, precio y características.

La marca OnePlus ha desarrollado hasta el momento cuatro generaciones de terminales posicionadas en el segmento alto de gama, pero siempre con precios ajustados. Ahora acaba de poner en el mercado, por 499 euros, su nuevo buque insignia el OnePlus 5, un terminal con 6 u 8 gigas de RAM, según versión. Dispone de una mejorada cámara de doble lente con gran angular, así como una eficiente carga rápida entre otras características por las que está obteniendo inmejorables críticas, incluso alguna página especializada en pruebas de producto le otorga un 10 sobre 10.

En cuanto a diseño, hay que decir que el terminal rompe con una imagen muy personalizada que tuvo su ejemplo más destacado en su anterior modelo; el 3T (no ha habido un terminal cuatro al ser este número de mala suerte en China). El OnePlus 5 se acerca a la imagen del iPhone 7, una estética que ha arrasado en el gigante asiático y que están imitando la mayoría de fabricantes. Las similitudes se acaban ahí.

Sistema operativo.

Funciona con la última visión de Android –Nougat (7.1.1)– y dado que la compañía apuesta por dar al usuario una experiencia cercana al Android más puro, tan sólo ha puesto sobre éste una ligera capa de personalización propia de la marca denominada Oxygen OS, un desarrollo minimalista que potencia únicamente algunas funcionalidades del aparato.

Cámara.

Precio y potencia son las dos claves que definen este terminal de OnePlus, el cual también destaca por una doble cámara que ofrece magistrales resultados en prácticamente todos sus modos. Cuenta incluso con un modo retrato que desenfoca el fondo para resaltar el sujeto principal.

Una de las lentes tiene 16 megapíxeles y apertura F/1.7 y otra 20 megapíxeles y apertura F/2.6, capaz de hacer un zoom de dos aumentos. Integra un mejorado 'software' que añade efectos de profundidad a las tomas. Destacar que la cámara de selfis añade 16 megapíxeles y óptimos resultados para los más exigentes en esta modalidad de foto.

Procesador.

El salto que ha dado la marca en el treno de fotografía es significativo aunque queda ligeramente por debajo de los resultados del S8 de Samsung y del iPhone 7, aunque si comparamos por nivel de precio, el 5 de OnePlus obtiene un sobresaliente.

La potencia llega de la mano de un procesador de Qualcomm: un Snapdragon 835 (que optimiza el consumo de energía) y es el último puesto en el mercado. Está acompañado por una memoria RAM de 6 u 8 GB y un almacenamiento de 64 o 128 GB (según versión), prestaciones que sitúan a este equipo al máximo nivel en cuanto a potencia al compararlo con los últimos terminales lanzados al mercado.

Pantalla.

Su pantalla es Amoled con resolución full HD de 5,5 pulgadas, un poco por debajo de las expectativas aunque en las pruebas realizadas al terminal (la calibración puede ser personalizada por el usuario) se ha visto su óptimo desempeño en cuanto a brillo y visibilidad en condiciones adversas de luz. La pantalla integra el vidrio Gorilla Glass 5 con una leve curvatura en sus bordes.

Batería.

La batería acompaña ya que es de 3.300 miliamperios con carga rápida Dash Charge que, en alrededor de media hora, proporciona un día completo de uso. Su autonomía es óptima y logra alcanzar las 18 horas en reproducción de vídeo.

Construcción.

El modelo tiene un cuerpo de metal con una ligera curva lateral e incluye una línea que la empresa denomina horizonte que va desde el borde superior e inferior hasta los laterales. Su grosor es de 7,25 milímetros y el peso queda en 153 gramos.

Colores.

Está disponible en negro y gris, dos colores que encierran prestaciones también diferentes 6 u 8 GB de RAM y 64 o 128 GB de almacenamiento interno. Los precios son de 499 euros y de 599 euros.

Pros y contras.

El OnePlus 5 mejora en casi todo a la anterior generación de 'smartphones' de la compañía y ofrece algunas ventajas de uso importantes, destacar que está disponible hasta 8 GB de RAM, (lo máximo que ofrece hoy en el mercado); integra el ultimo procesador Snapdragon 835 (velocidad de 2.45 GHz) que consigue fluidez velocidad en navegación, juegos y aplicaciones, una carga rápida, realmente rápida, y una cámara que hace unas fotos de notable calidad gracias a las posibilidades del 'software'. En este apartado cabe mencionar que el disparador es muy rápido.

En la otra cara de la moneda ya se ha mencionado el tema del diseño que a pesar de alumbrar un modelo muy elegante, presenta una estética semejante al iPhone, dejando de lado la originalidad de su modelo anterior, el 3T.

Resistencia al agua.

Otra desventaja es que no es resistente al agua, aunque en su presentación la marca destaca que aguanta salpicaduras. Tampoco integra ranura para tarjeta de memoria microSD, posiblemente porque el fabricante ha considerado que la capacidad interna del aparato (hasta 128 GB) es más que suficiente.

La conectividad es óptima, soporta todas las bandas, incluso la 800. Destaca finalmente la velocidad y la precisión del lector de huellas, situado en la parte frontal.

La compañía Leagoo ha presentado su M-7 por unos 62 euros.

Si en Europa la guerra del móvil se centra hoy en la gama media, con terminales de prestaciones que rozan las de la gama alta, en China se acentúa la batalla también en el segmento de entrada, con terminales que bien podrían pasar por gama media. Muy probablemente esta nueva presión del gigante asiático volverá a dar un vuelco a los precios y a los posicionamientos, más pronto que tarde, en el mercado occidental.

La compañía de origen chino Leagoo ha sido una de las primeras en posicionarse en este mercado de productos muy agresivos, en la gama de entrada, pero con prestaciones muy por encima de su nivel de precio y totalmente compatibles con el mercado europeo. Así llega Leagoo M7 un móvil de doble cámara y una estética casi clónica del iPhone 7, por poco más de 60 euros.

En el dispositivo sorprende el esfuerzo de la marca por ofrecer algunas características que hasta ahora estaban lejos de la gama básica, como por ejemplo dispone de la última versión de Android, una cámara de doble lente con algunas ventajas diferenciales y una batería de alta capacidad. Evidentemente algunas de sus especificaciones se quedan dónde deben estar: en la gama de entrada de producto, como es el caso de la no disponibilidad de conectividad a redes 4G o una resolución de pantalla HD. La marca, que tiene una destacada demanda en su país de origen, dispone de un catálogo amplio con productos en todos los segmentos de precio para el mercado europeo.

Conectividad.

Respecto a conectividad, ofrece Bluetooth 4.0, GPS y wifi 802.11b/g/n, la desventaja es que no es compatible con la redes 4G, aunque si con todas las demás (2G: GSM 850/900/1800/1900MHz – 3G: WCDMA 900/2100MHz.).

Estética y pantalla.

El terminal es una buena copia (en lo estético) del iPhone 7 y se comercializa en color negro, rojo y dorado. Ofrece un aspecto artesanal agradable y un buen agarre gracias a su acabado en materiales plásticos de notable resistencia. Su peso es de unos 200 gramos y tiene unas dimensiones de 15,70 x 7,80 x 0,79 cm.

Su gran pantalla multitáctil es de 5,5 pulgadas (HD) con tecnología IPS capacitiva con una resolución de 1280 x 720 pixeles. Dispone de una construcción en 2.5D y cuenta con resistencia a golpes y ralladuras mediante Corning Gorilla Glass 4.

Procesador y capacidad.

El equipo integra un procesador MediaTek con estructura de 64 bits, modelo MTK6580A a 1,3 GHz, con cuatro núcleos y una memoria RAM de 1GB, que se queda un poco corta en juegos, pero ofrece un rendimiento adecuado en la navegación por la red y en apertura de todo tipo de aplicaciones.

Su capacidad interna es de 16GB e incluye una ranura SD para ampliar la memoria hasta 256 GB. Corre con sistema operativo Android, en su última versión: 7.0 Nougat.

Tiene una batería de 3.000 mAh, lo que le proporciona una autonomía excelente, muy superior a un día de uso intensivo.

Cámara.

El gran valor diferencial del M7 es su cámara de doble lente de 8 MP + 5 MP. La conjunción de dos sensores, de 8 megapíxeles y 5 megapíxeles, hace posible capturar tomas con buen nivel de detalle, gracias también a su apertura F/2.2 y lente de cuatro cuerpos, que aporta una buena solución para tomar fotos nocturnas o con poca luz, algo que se ve potenciado por su doble flash LED de dos tonos.

La cámara frontal se queda con un habitual sensor de 5 megapíxeles y respecto a éste, destacar que sobre el botón Home hay un sensor de huellas dactilares que también hace las veces de disparador físico para tomar fotos o comenzar a grabar vídeos al pulsarlo. Dicho sensor soporta también las funciones clásicas de bloqueo de la pantalla de inicio (respuesta en 0,1 segundos con reconocimiento en 360°).

Conclusiones.

Por un precio que apenas supera los 60 euros, la calificación del terminal es notable tanto por su estética y resistencia como por sus características, sobre todo en el apartado de fotografía y autonomía.

Es adecuado para los amantes de los selfies, ya que gracias al control incorporado en el lector de huellas se pueden tomar fotografías con facilidad y en un tiempo de 0,1 segundos. Estética cuidada y aspecto elegante.

Android O: las novedades del nuevo sistema operativo de Google.

El gigante de internet desvela algunos de los cambios que tendrá el nuevo sistema para móviles.

Google ha dado a conocer esta semana más detalles del que será su nuevo sistema operativo para móviles Android O. La compañía de Mountain View renueva así su popular sistema operativo con algunos cambios que mejorarán la experiencia de los usuarios.

La firma ha dado a conocer estas novedades en la conferencia anual para desarrolladores Google I/O 2017. De momento, son sólo algunas mejoras funcionales del sistema que ya tiene más de 2.000 millones de usuarios en todo el mundo. Son novedades para la primera versión beta.

Vitals, novedad de Android O.

Una de las principales novedades de Android O es estructural, y se llama Vitals. Se trata de una serie de cambios que mejorarán la seguridad, el consumo energético y el rendimiento del teléfono, sobre todo gracias a Google Play Protect, un servicio que analizará las apps que instale el usuario para asegurarse de que son seguras.

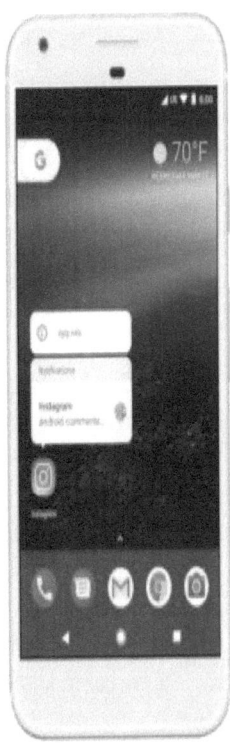

Todo ello ayudará en reducir el tiempo de ejecución de las apps y en que el teléfono se abra más rápido.

Mejora de la experiencia.

Bajo este nombre Google ha introducido una serie de mejoras de la experiencia de los usuarios.

Así por ejemplo, Picture in Picture permitirá que en caso de mantener una conversación en vídeo, tener una minipantalla con esta en cualquier aplicación.

Otro de los cambios es Notification Dots, las aplicaciones tendrán pequeños marcadores en sus iconos que darán acceso a notificaciones sin tener que acceder a la barra. Será un menú contextual que ayudarán a tener información rápida de las apps: interacciones, nuevos mails…

Por otro lado, se mejorará la función autocompletar y también se agregarán posibilidades en la selección de texto: con Smart Text Detection, el teléfono tratará de interpretar cuál es el próximo paso. Por ejemplo, si seleccionas una URL, te ofrecerá abrirla en Google Maps.

Estas son algunas de las novedades que hasta el momento, ha avanzado Google.

¿Cómo prevenir un ataque «ransomware»?

El Centro Criptológico Nacional, dependiente del Centro Nacional de Inteligencia (CNI), ha alertado este martes a las administraciones sobre la existencia de Petya, un nuevo ciberataque de virus «ransomware» a escala internacional, que de momento no ha afectado a ningún organismo público.

Fuentes del Centro Criptológico han indicado a EFE que hasta ahora no hay constancia de que el ataque haya afectado a ningún organismo de la administración.

Sin embargo, las fuentes han añadido que se han recibido en el centro avisos informales de ataques por parte de algunas empresas multinacionales que tienen oficinas en España.

Han señalado además que el nuevo ciberataque parece similar al denominado WannaCry, que en mayo pasado afectó a empresas de todo el mundo y a instituciones de distintos países.

El Centro Criptológico Nacional alerta en su página web de la detección del virus «ransomware», «que afecta a sistemas Windows, cifrando el sistema operativo o disco y cuya propagación es similar a la de WannaCry; es decir, una vez que ha infectado una máquina puede propagarse por el resto de sistemas conectados a esa misma red».

Añade que se trata de «una variante de la familia Petya», que se ha detectado en empresas ubicadas en Ucrania y en algunas multinacionales con sede en España.

Para el descifrado de los archivos, la campaña solicita un rescate en Bitcoin de 300 dólares.

El CNI alerta a las administraciones ante un nuevo ciberataque mundial.

Tras el nuevo ciberataque protagonizado por el virus Petya, el Centro Criptológico Nacional ofrece una serie de medidas como prevención y mitigación ante un «malware» de este tipo.

La primera recomendación actualizar el sistema operativo y todas las soluciones de seguridad, así como tener un cortafuegos para el personal habilitado.

Señala que los accesos administrativos desde fuera de la empresa sólo deben llevarse a cabo mediante protocolos seguros y apela a «mantener una conducta de navegación segura, empleando herramientas y extensiones de navegador web completamente actualizado».

Se debe activar la visualización de las extensiones de los ficheros para evitar ejecución de código dañino camuflado como ficheros legítimos no ejecutables y deshabilitar las macros en los documentos de Microsoft Office y otras aplicaciones similares.

El Centro Criptológico recuerda que dispone de ayuda: «Medidas de seguridad contra 'ransomware'» y «Buenas prácticas».

Recalca que «efectuar el pago por el rescate del equipo no garantiza que los atacantes envíen la utilidad y/o contraseña de descifrado, sólo premia su campaña y les motiva a seguir distribuyendo masivamente este tipo de código dañino».

En caso de haberse visto afectados por esta campaña y no se disponga de copias de seguridad, se recomienda conservar los ficheros que hubieran sido cifrados por la muestra de ransomware antes de desinfectar la máquina, ya que no es descartable que en el futuro haya una herramienta para descifrar los documentos afectados, concluye. Desde la iniciativa «No More Ransom» ofrecen además los siguientes consejos:

1. ¡Copia de seguridad! Contar con un sistema de recuperación de datos impedirá que una infección de «ransomware» pueda destruir tus datos para siempre. Es recomendable crear dos copias de seguridad: una para ser almacenada en la nube (recuerda usar un servicio que realice automáticamente copias de tus archivos) y otra en un dispositivo físico (disco duro portátil, memoria USB, otro equipo portátil, etc.). Desconéctalos de tu PC cuando se haya realizado la copia. También servirá para recuperar archivos importantes que pudieran haberse borrado accidentalmente.

2. Usa un buen «software» antivirus. No desactives la detección mediante heurísticas ya que esto ayuda a capturar muestras de ransomware que aún no hayan sido detectadas formalmente.

3. Mantén el «software» de tu PC actualizado. Cuando tu sistema operativo o aplicaciones actualicen a una nueva versión, instálalas. Y si el «software» tiene la opción de actualizarse automáticamente, úsala.

4. No te fíes de nadie. Literalmente. Cualquier cuenta puede estar comprometida y enlaces maliciosos pueden ser enviados desde cuentas en redes sociales de amigos, compañeros o desde juegos online. Nunca abras archivos adjuntos desde emails de alguien que no conozcas. Los cibercriminales a menudo distribuyen correos electrónicos falsos que simulan ser notificaciones legítimas remitidas desde servicios de almacenamiento en la nube, bancos, policía o agencias de recaudación de impuestos que incitan a pulsar enlaces maliciosos para instalar malware en tu PC. Esto se conoce como «phishing».

5. Activa la opción de mostrar las extensiones de los archivos en el menú de configuración de Windows. Esto hará mucho más fácil detectar archivos potencialmente maliciosos. Mantente alejado de extensiones como '.exe', '.vbs' y '.scr'. Los estafadores pueden usar varias extensiones para camuflar un fichero malicioso como un video, una foto o un documento (como chicas-calientes .avi .exe .doc o .scr).

6. Si descubres algún proceso sospechoso en tu computadora, desconéctelo inmediatamente de internet o de otras conexiones en red (como el WIFI de casa). Esto prevendrá que la infección se propague.

«RiME» triunfa en los Goya de los videojuegos.

Los Premios Nacionales de la Industria del Videojuego han otorgado al juego de aventuras y puzles «RiME» siete de los 13 galardones que entregan, entre ellos el de Mejor Juego del Año, ha anunciado Gamelab en Julio de 2017 en un comunicado.

Los premios, entregados por la Academia de las Artes y las Ciencias Interactivas en el marco del Gamelab Barcelona, han reconocido a este juego creado por Tequila Works y Grey Box en todas las categorías a las que estaba nominado.

Los ganadores de 2017

Juego del año RiME Juego PcRiME, Juego para móviles Hubble Witch 3 Saga Juego para consola, RiME Juego debut Aragami Diseño RiME, Dirección arte, RiME Música y sonido, RiME, Tecnología Asphalt Xtreme Universitario The Librarian Público, RiME Universitario Almost a Hero 'RiME' ha sido distinguido al diseño, la dirección de arte y la música y el sonido, a la vez que ha sido reconocido como Mejor Juego del Año, Mejor Juego para PC y Mejor Juego para Consola, y además ha obtenido el premio de la prensa.

Otros premiados han sido para «Bubble witch 3 Saga», de King -Mejor Juego para Smartphone o Tablet y Mejor Juego Catalán- y «Aragami» de Lince Works -mejor Juego Debut. «Asphalt Xtreme», de Gameloft Madrid ha sido reconocido por la Mejor Tecnología, y el Mejor Juego Universitario ha sido «The librarian», de la Universitat Pompeu Fabra (UPF) y Panda Studio.

Por otro lado, el Premio del Público ha sido para «Almost a Hero», de Bee Square, y el diseñador de videojuegos y empresario Richard Garriott ha recibido el Premio Gamelab de Honor.

Las mayores innovaciones de los videojuegos pasan «desapercibidos».

El salto de los videojuegos del placer privado al espectáculo de masas ha centrado el debate en la primera jornada del Gamelab, que en su jornada inaugural ha contado con la presencia de Mike Sepso, un gurú de los llamados eSports.

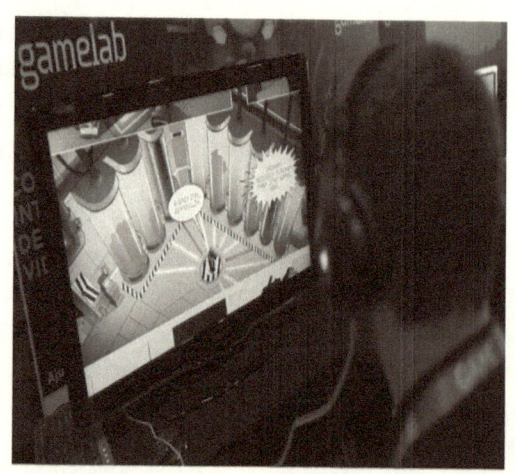

Sepso, cofudandor de la MLG (Major League Gaming) y vicepresidente sénior de Activision Blizzard Media Networks, ya había estado en la anterior edición de este congreso y hoy ha regresado para hablar sobre las tendencias de futuro de estas competiciones online, que han revolucionado el sector de los videojuegos.

Una de las claves de futuro es el interés de algunas plataformas de televisión por retransmitir este tipo de competiciones, como por ejemplo Movistar, que ha creado un canal específico para ofrecer competiciones de deportes electrónicos. Otros expertos que participarán en esta edición del Gamelab son el referente de los juegos de autor Fumito Ueda y uno de los expertos con más antigüedad en este campo y precursor de los juegos de rol Ricard Garriot.

El fundador del Gamelab, Gonzo Suárez, ha señalado en declaraciones a los medios que evoluciones como las que se están viendo en los eSports demuestran la «mutabilidad» del sector de los videojuegos, donde las innovaciones se traducen con facilidad en transformaciones profundas. En este sentido, ha apuntado que la aplicación de la realidad virtual también puede «romper una barrera», ya que permitirá «concentrar horas de juego dentro de unas gafas».

«El 75 % de la facturación en Estados Unidos se está produciendo en individuos que bajan de la red, no cogen la caja».

Otra de las tendencias que ha señalado Suárez es el cambio en la manera de acceder a los juegos, consistente en el trasvase de la compra física a la descarga en red. «El 75% de la facturación en Estados Unidos se está produciendo en individuos que bajan de la red, no cogen la caja. Esto no quiere decir que se vaya a acabar el negocio de la caja, pero va a quedar circunscrito al fetichismo o a las ediciones especiales, por ejemplo», ha continuado.

En España, el mercado de los videojuegos facturó 1.163 millones de euros en 2016, un 7,4% más que en 2015, según datos recogidos en el último anuario de la Asociación Española de Videojuegos (AEVI). A pesar de esta potencia económica, Suárez ha apuntado que las grandes innovaciones el sector del videojuego pasan «desapercibidos» para los medios de comunicación generalistas y la sociedad en general.

El experto ha atribuido esta situación a la «falta de discurso» del sector, que hace que los medios generalistas se vean «inermes» ante un lenguaje específico y lleno de tecnicismos que solamente entienden los especialistas. «El videojuego se ha mantenido como un ninja, oculto, y ha preferido ser maldito durante muchos años, casi como un fenómeno inconveniente», ha resuelto.

Para hablar de esta realidad y de los retos de futuro, el Gamelab, que es congreso y no cuenta con espacio de exposición de novedades, contará con más de cuarenta ponentes invitados, entre los que destacan, además de los mencionados, el fundador de la compañía finlandesa Supercell y padre de «Clash of Clans» y «Clash Royale», Mikko Kodisoja, o el especialista en narrativa inmersiva para móviles y realidad virtual Rachid El Guerrab. A lo largo de estas tres jornadas también se pondrá de relieve el empuje del sector en España y sobre todo en Cataluña, que concentra el 40% de la facturación de todo el Estado y el 25% del tejido industrial.

Facebook producirá sus propios programas de televisión.

La plataforma Facebook, con el objetivo de difundir y ampliar la presencia de esta red social, comenzó a producir sus propios programas y series de televisión. La compañía trabaja el proyecto con un selecto grupo de socios y creadores.

Según el Wall Street Journal, las grandes compañías de internet apuntan a esta tendencia para aumentar su presencia en las plataformas comunicacionales.

La producción de estos programas es financiada directamente por la compañía de Mark Zuckerberg. Sin embargo, no descartan apoyar a los realizadores a través de un sistema de reparto de ingresos como Ad Break, que básicamente consiste en un software que permitirá agregar publicidad en el contenido que sea difundido en vivo en dicha plataforma.

Hasta tres millones de dólares dispondrá Facebook para producir los episodios. Este presupuesto equivale al que se estima para realizar un programa de alta calidad para la televisión paga en Estados Unidos, según el Street Journal.

Representantes de la red social mantienen constantes reuniones con ejecutivos y altos empresarios de Hollywood, así como con agencias de representación de actores del mundo del cine y de la televisión.

Publican imagen detallada de una estrella 1.400 veces más grande que el Sol.

El radiotelescopio más grande del mundo ha logrado captar la superficie de esta estrella que se encuentra en la constelación de Orión, a unos 600 años luz de la Tierra.

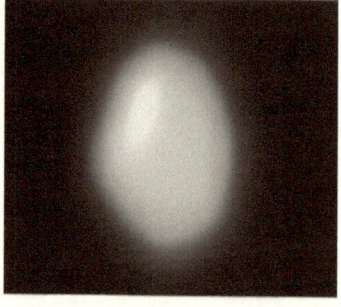

Un equipo internacional de astrónomos ha utilizado el ALMA (Atacama Large Millimeter / submillimeter Array), el radiotelescopio más grande del mundo, para lograr la imagen más detallada de la famosa Betelgeuse, una de las estrellas más brillantes en el cielo nocturno.

La fotografía de su superficie proporciona nuevos datos sobre la famosa supergigante roja que se encuentra en la constelación de Orión, a unos 600 años luz de la Tierra.

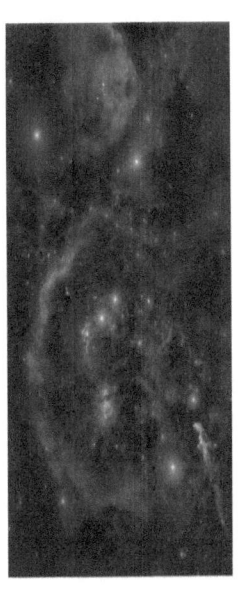

"Esta es la primera vez que el ALMA ha observado la superficie de una estrella, y este primer intento ha dado como resultado la imagen de Betelgeuse de más alta resolución disponible", ha declarado el Observatorio Europeo Austral, uno de los grupos que opera el telescopio.

La imagen revela notablemente que la temperatura en la atmósfera interior de la estrella está lejos de ser uniforme. El descubrimiento podría ayudar a explicar cómo se calientan las atmósferas de este tipo de estrellas y cómo es transportado su material al medio interestelar.

En términos de tamaño, Betelgeuse es enorme, comprada con nuestro Sol, es aproximadamente 1.400 veces más grande de diámetro y más de 1.000 millones de veces más grande en términos de volumen. "La estrella tiene unos 8 millones de años", señala el Observatorio Europeo, "pero ya está a punto de convertirse en una supernova".

Huawei lanza el Honor 9 con 6 GB de RAM, cámara dual y una pantalla de 5,15 pulgadas.

Berlín ha sido la capital europea elegida por Huawei para presentar el nuevo dispositivo de su segunda marca Honor, un modelo que si bien se posiciona en la gama alta por sus características, se comercializa a un precio muy agresivo, 449 euros, ajustados incluso para la gama media.

El nuevo Honor 9 es un terminal muy esperado, sobre todo, por parte de un consumidor joven y muy tecnológico, dadas sus características en cuanto a velocidad, rendimiento, fotografía y capacidades multimedia. El equipo es el sucesor del galardonado Honor 8 (presentado por la marca el pasado año), y está claramente inspirado en el modelo Huawei P10, un dispositivo premium que fue puesto en el mercado durante el pasado Mobile World Congress celebrado en Barcelona.

George Zhao, presidente de Honor, ha señalado durante la presentación que "está pensado para los que son jóvenes y los que mantienen la juventud en su corazón". Ha destacado el cuidado diseño del producto y sobre todo su velocidad de respuesta en el modo juego.

La marca Honor está experimentado una progresión importante en el mercado, sobre todo, desde que con los dos modelos anteriores al actual haya dado con algunas claves de diseño y de prestaciones muy apreciadas por aquel consumidor que busca, ante todo, ventajas técnicas y resistencia. Hay que señalar que este nuevo modelo ha dado una impresiónate vuelta de tuerca al diseño con acabados llamativos en cristal y metal, con efecto brillo, disponible en varios colores. Sus disensiones son de 147.3 por 70.9 milímetros, con un grosor de 7.45 mm, y un peso de 155 gramos.

Las ventajas.

El 9 es un terminal compacto con un tamaño de pantalla de 5,15 pulgadas y con resolución Full Hd. Cuenta con cámara dual, procesador Kirin 960 de ocho núcleos (el más avanzado de Huawei hasta la fecha) y memoria RAM de hasta 6 GB, con una versión de 4GB. La capacidad de almacenamiento interno es de 64/128 GB, según versión, ampliable mediante microSD.

Respecto a la cámara principal hay señalar que combina un sensor dual de 20 megapíxeles monocromo (con Flash Dual-LED) y otro de 12 megapíxeles en color, un sistema que mejora las fotos a color y permite tomar imágenes en blanco y negro con más calidad. La cámara frontal es 8 megapíxeles, con capacidad para mejora de selfíes.

Las opciones de cámara son numerosas y además de su impresionante modo en blanco y negro, cuenta con el modo Bokeh (efecto desenfoque).

Su respetable autonomía llega de la mano del equilibrio del procesador (de bajo consumo) y una batería de 3.200 mAh con función de carga rápida. También tiene un puerto USB-C.

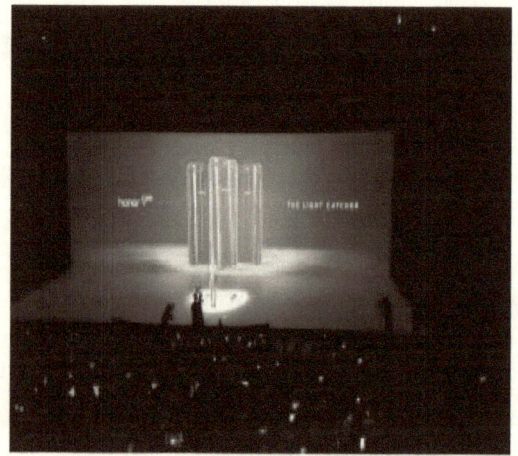

En el apartado multimedia se integra sistema de sonido Hi-Fi y en el de seguridad aporta sensor de huellas dactilares que la marca ha colocado en la parte frontal, en el botón de inicio.

Viene de serie con la versión de Android 7 Nougat como sistema operativo junto con EMUI 5.1, la capa de personalización de la marca.

En cuanto a los colores, el Honor 9 estará disponible en negro, gris, y azul, todos con el brillo que aportan los materiales de construcción. Como ha destacado el músico alemán Rezo, embajador de la marca: "Honor ha plasmado la virtud de ser diferente".

Los auriculares se deshacen de los cables.

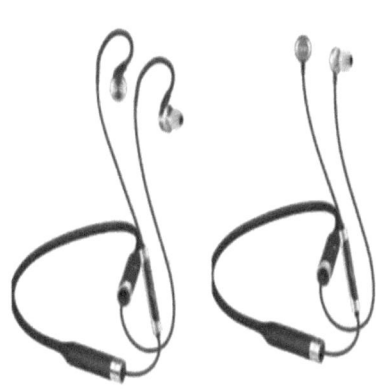

El mercado de sonido evoluciona con rapidez hacia el uso de auriculares inalámbricos, una vez que el gigante Apple ha puesto toda la carne en el asador con un modelo que no necesita cableado, por lo que el usuario se libera de estar atado al teléfono para escuchar su música favorita. También Samsung dispone de esta tipología de auriculares y otras firmas del sector de la telefonía móvil los preparan.

Idéntica tendencia se manifiesta en las empresas especializadas en audio portátil, las cuales ya hace tiempo que han apostado por los auriculares sin cable, generando una demanda creciente e imparable.

Según los últimos datos disponibles, a finales del 2016, periodo en el que las compras de tecnología tienen un volumen destacado, el 75% de los ingresos de ventas por auriculares han venido de los modelos inalámbricos.

En esta coyuntura, una de las marcas fabricantes de alta relevancia en Europa, RHA, presenta dos nuevos productos de esta categoría: MA650 Wireless y MA750 Wireless, que aportan la habitual calidad de sonido del fabricante y la libertad de movimientos derivada del uso de la tecnología Bluetooth.

Diferenciales y características.

Los nuevos auriculares, presentados la segunda quincena del mes de mayo, tienen una autonomía de batería de hasta 12 horas, incluyen certificación IPX4, por lo que –aunque no son sumergibles– son resistentes al agua. Incorporan las tecnología Bluetooth y NFC así como un módulo de control en el cable.

El cuerpo del equipo está fabricado en aluminio de alto grado 6063 en los MA650 y acero inoxidable 303F en los MA750.

El modelo MA650 Wireless combina el transductor dinámico 380.1 de RHA con Bluetooth y aptX (un sistema que transmite la música sin que esta pierda calidad) con el objetivo de proporcionar una experiencia envolvente de escucha inalámbrica con hasta 12 horas de reproducción. Sus carcasas de aluminio, tienen un diseño aislante del ruido, incluye banda de cuello flexible y anatómica y control remoto universal. Su precio es de 99,95 euros.

El MA750 Wireless, combina un transductor dinámico construido a mano (560.1) del reconocido equipo MA750, con las tecnologías Bluetooth y aptX está construido en acero inoxidable y presenta el diseño 'Aerophonic' propio de la marca. El objetivo es conseguir una inmersión sonora sin distorsión con una autonomía de hasta 12 horas.

Incorpora una banda de cuello anatómica y flexible, cables conformados para sujeción por encima de la oreja y un mando universal multifunción. Su precio es de 149,95 euros.

Microsoft presenta la nueva consola Xbox One X, que saldrá a la venta en noviembre de 2017.

La compañía define la nueva consola de sobremesa como "la más potente hecha nunca"

La nueva consola de Microsoft se llama Xbox One X. El gigante de la tecnología ha dado a conocer en la mayor feria de videojuegos del mundo, el E3 de Los Angeles (EEUU), su nuevo caballo de batalla con el que pretende plantar cara a Sony. Y para hacerlo, apuesta por los gráficos en ultra alta resolución (4K) y un procesador con sistema de refrigeración líquido que la convierten en "la más potente hecha nunca", según anunció el responsable de Xbox, Phil Spencer.

Tras meses de especulación sobre el lanzamiento que había adoptado el nombre de "Proyecto Scorpio" la Xbox One X, la más pequeña de la familia Xbox, se pondrá a la venta en todo el mundo el 7 de noviembre por 499 dólares y será compatible con todos los accesorios y juegos de Xbox One.

El jefe de ingeniería de software de Xbox, Kareem Choudhry calificó la tarjeta gráfica de la Xbox One X que corre a una velocidad de 1.172 MHz, como un "trabajo de artesanía" ya que su procesador utiliza una cámara de vapor de refrigeración líquida habitualmente limitado a servidores.

Características.

El hardware de la nueva consola de Microsoft le planta cara a su más reciente competidora, la Playstation 4 Pro de Sony, con características punteras de procesamiento gráfico, como 6 teraflops y 12 GB de memoria RAM GDDR5.

"Son números impresionantes (…), porque eso es lo que toca para dar la potencia que necesitan a los creadores de juegos y que vosotros podáis experimentar la verdadera resolución en 4K", dijo Choudhry ante una emocionada audiencia que profería gritos de júbilo a cada nuevo detalle.

"Y cuando decimos verdadero 4K, nos referimos a 8 millones de píxeles, alto rango dinámico, amplia gama de colores, sonido prémium como Dolby Atmos y reproducción ultra HD en 4K", añadió el directivo entre aplausos y silbidos.

Además de la compatibilidad de los accesorios y juegos de Xbox One con la nueva consola, Chaudhry anunció que a través de la técnica "super sampling" los juegos en 4K se verán mejor en televisiones de 1080p.

El próximo iPhone, ¿tendrá finalmente carga inalámbrica?

Un proveedor indio de Apple asegura que el nuevo modelo de dispositivo será también resistente al agua

La maquinaria de los rumores lleva tiempo encendida en el caso del próximo modelo de iPhone, cuyo nombre oficial se desconoce. Teniendo en cuenta que Apple es una empresa tan hermética y suele guardarse con varias llaves todos sus secretos, las especulaciones y filtraciones periódicas ayudan a conocer sus proyectos futuros. iPhone 7S, 8 o simplemente X son algunos nombres que se barajan. y entre algunas de sus principales aportaciones vuelve a sonar un sistema de carga inalámbrica que permitirá carga el dispositivo sin cables.

De acuerdo a una de las firmas proveedoras de la firma americana Wistron, de procedencia india, la próxima versión del iPhone contará finalmente con carga inalámbrica, una característica ya presente en algunos dispositivos disponibles en el mercado como el Galaxy S8 de Samsung, pero que se ha convertido junto con el sistema de carga rápida, en un elemento clave en los teléfonos más innovadores. El director general de la firma, Robert Hwang, ha asegurado que el iPhone contará con esta característica.

La idea es lograr que los usuarios puedan recargar la batería de otra forma en lugar de utilizar el puerto de carga tradicional que se enchufa directamente a la red eléctrica, sin embargo, se desconoce si para hacer viable esta opción requerirá de un componente externo, una placa de inducción que transfiere energía o si finalmente se integrará un sistema más revolucionario, máxime a la coincidencia con el décimo aniversario del teléfono que cambió la industria de la telefonía.

Entre otros aspectos que han proliferado se encuentran un nuevo diseño del iPhone, que se sumaría a la actual corriente iniciada por marcas como LG o Samsung de recudir el marco del chasis y ampliar el tamaño de la pantalla, así como la utilización de paneles tipo OLED. También se ha especulado en torno a la posibilidad de que sea sumergible al agua y resistente al polvo o la eliminación del botón físico circular que le ha acompañado desde sus inicios, así como un sistema de reconocimiento visual.

El iPhone sostiene los ingresos de la compañía americana, con lo que debe lograr un revulsivo que mantenga las ventas. En el último año, el terminal ha perdido un 1% a nivel global respecto al mismo periodo del año anterior, pero los analistas vaticinan una recuperación este año. Se espera que el nuevo dispositivo se presente en septiembre.

Google centra sus esfuerzos en la inteligencia artificial.

La firma dice que se está pasando de un mundo 'mobile-first' a 'inteligencia artificial-first' Google es conocida por tener el buscador más usado del mundo, el sistema operativo para móviles más popular, la red de publicidad on line más extensa... Pero la compañía con sede en Mountain View parece que prefiere mirar hacia el futuro y ese porvenir se llama inteligencia artificial, un campo de desarrollo donde está volcando todos sus esfuerzos.

El gigante tecnológico ha celebrado esta semana su conferencia anual de desarrolladores, donde entre otros temas se ha hablado del nuevo sistema operativo de Google (Android O), la realidad virtual o incluso cómo Google puede ayudar a encontrar empleo. Pero el consejero delegado de Google, Sundar Pichai, marcó los pasos que debe dar la empresa: "Hoy estamos siendo testigos de un nuevo cambio de paradigma: la transición de un mundo mobile-first hacia uno de inteligencia artificial-first".

Las mejores aplicaciones recientes: Power Clean y Angry Birds Evolution.

Tener el móvil limpio implica habitualmente un mejor funcionamiento. Aplicaciones como Power Clean ayudan a tener el móvil en perfectas condiciones. Excelente aplicación.

1. Power clean

Libera espacio en la memoria del móvil.

Para que los teléfonos móviles funcionen sin problemas es recomendable tener espacio libre en la memoria del aparato y no tener exceso de archivos. Eso es lo que hace Power Clean (Android e iOS, gratis) ayudar a los usuarios a mantener el teléfono móvil con suficiente espacio libre en la memoria.

2. Angry Birds evolution.

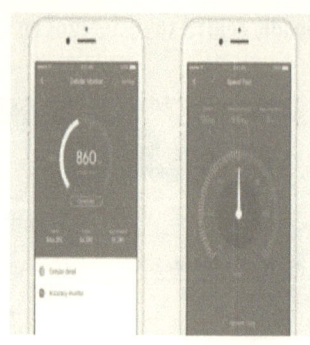

Vuelve una de las sagas de juegos más exitosas. Angry Birds se dispone a conquistar a los jugadores con Angry Birds Evolution (iOS y Android gratis) un nuevo título en el que cambia la mecánica de juego. Ahora, habrá que crear un equipo de super pájaros evolucionados para derrotar a los cerditos verdes.

3. Scale.

Scale (iOS y Android gratis) es un juego de aquellos la mar de simples pero que enganchan. Una pequeña pelota va rebotando en las paredes, y el usuario debe ser capaz de crear recuadros alrededor para capturar la pelota. Así una y otra vez. Parece simple, pero no lo es tanto y engancha.

Una energía más limpia y sustentable mueve economía en el agreste brasileño.

Compana crónica Brasil Energia – BRA51. Araripina (Brasil),.-Fotografía de un hombre cerca de su vivienda ubicada frente a los molinos de alta tecnología de los aerogeneradores del complejo eólico Ventos do Araripe III y al lado de la escuela pública construida como parte del impacto social del proyecto en la ciudad de Araripina, región de la Chapada do Araripe, en el estado de Pernambuco (Brasil). En una región poco "tocada" por la tecnología, la Chapada do Araripe, se construyó el más grande complejo eólico en operación de Latinoamérica y que producirá energía suficiente para abastecer al estado de Pernambuco, con una capacidad de un 30 % de lo que se produce en Belo Monte, en la polémica hidroeléctrica en la Amazonía brasileña. EFE/Sebastiao Moreira.

Los inventores europeos miran a Trump por el retrovisor.

EFE. BRUSELAS, – Fotografías facilitadas por la Oficina Europea de Patentes, del científico alemán Günter Hufschmid, distinguido por haber creado un material esponjoso capaz de absorber petróleo del mar sin recoger el agua, una herramienta para preservar los ecosistemas marinos a través de la recuperación de vertidos contaminantes. En el epicentro político de la Unión Europea existe el convencimiento generalizado de que la lucha contra el calentamiento global seguirá vigente pese a la retirada de Estados Unidos del Acuerdo de París decretada por Donald Trump y también lo piensan algunos de los científicos más brillantes de la UE.

Apple supera los 800.000 millones de dólares de capitalización.

La bolsa certifica la transformación económica mundial con la supremacía de las firmas tecnológicas

En 1992 el ránking lo lideraba una petrolera, seguida por una firma de distribución y un conglomerado industrial

Las acciones de Apple han alcanzado esta semana los 153 dólares en el Nasdaq, el índice tecnológico de referencia de Wall Street. Sin ser cota psicológica supone un nuevo récord para la compañía fundada por Steve Jobs y consolidar su posición como la firma más valiosa del mundo.

El ránking de capitalización bursátil muestra claramente la transformación económica mundial desde principios de los años 90. En 1992, la compañía más importante del mundo según este indicador era la petrolera Exxon Mobil, seguida por la firma de distribución Wal-Mart y por la industrial diversificada General Electric. En el 2003, era General Eléctric la que lideraba esa clasificación y Microsoft la que se había colado en segunda posición delante de Exxon Mobil. En la actualidad, las tres primeras firmas mundiales por su valor en bolsa son tecnológicas, Apple, Alphabet (Google) y Microsoft.

Una década después del lanzamiento del iPhone, el producto estrella de la firma de la manzana Apple supera los 800.000 millones de dólares (731.738 millones de euros) de capitalización bursátil, lo que le otorga el título honorífico de mayor cotizada del mundo. En concreto, desde que Steve Jobs anunció el iPhone en la Macworld Conference & Expo de 2007, el precio de la acción de Apple se ha revalorizado un 1.058%, o lo que es lo mismo, la compañía vale casi 12 veces más que entonces.

Apple supera los 800.000 millones de dólares de capitalización.

El logo de Apple en una bandera de la UE.

En el segundo trimestre de su ejercicio fiscal, Apple registró una facturación de 52.896 millones de dólares (48.392 millones de euros), el 4,6% más que un año antes, mientras que el beneficio neto de la firma de la manzana avanzó el 4,9%, hasta 11.029 millones de dólares (10.090 millones de euros). Al margen de esos resultados, lo que más llama la atención de Apple es su situación de caja. Dispone en la actualidad del orden de 250.000 millones de euros en efectivo y cualquier objetivo está a su alcance.

Todos los analistas han situado a Tesla o al coche eléctrico como la inversión más rentable para Apple, en unos momentos en los que la multinacional debe afrontar al margen de sus problemas de repatriación fiscal de beneficios, un proceso de diversificación creciente ante la amenaza que supone ceñirse al mercado tecnológico.

Apple anunció recientemente que afrontará un proceso de compra de autocartera de acciones, lo que supondrá una revalorización de sus títulos. Apple ya paga 12.000 millones al año a los accionistas en forma de dividendos. En los mentideros, cualquier compañía con elevada generación de beneficios y alto crecimiento puede estar en los planes de Apple. En las quinielas figuran habitualmente Netflix, Spotify, firmas del sector de videojuego, etc.). Las operadoras de telecomunicaciones parecen haber pasado a la historia y China está en los planes de cualquier gigante tecnológico con pretensiones.

Japón desarrolla navíos autopilotados con vistas a comercializarlos en 2025.

Astilleros y empresas de transporte marítimo de Japón están desarrollando un sistema de navegación basado en la inteligencia artificial con el objetivo de comercializar barcos autopilotados en 2025, revela hoy el diario económico Nikkei.

El sistema utilizará tecnologías para vincular a través de la red varios dispositivos que recolectarán y analizarán instantáneamente datos sobre el estado del mar, obstáculos peligrosos e información sobre los envíos para trazar la ruta más corta, segura y económica.

Los barcos también serán capaces de predecir fallos en el funcionamiento del navío y otros problemas, lo que ayudaría a evitar accidentes marítimos.

Entre las empresas que participan en el proyecto están el gigante japonés del transporte marítimo Mitsui OSK Lines, Nippon Yusen, los astilleros Japan Marine United y Mitsubishi Heavy Industries, que incluirán el nuevo sistema de navegación autónoma en futuros modelos de buques, de los cuales planean construir 250 unidades.

En virtud de su asociación, las compañías compartirán experiencia y los costes del desarrollo del sistema, que se estima alcanzarán decenas de miles o cientos de miles de millones de dólares.

Países como Noruega y firmas internacionales como la británica Rolls-Royce ya han anunciado sus planes para investigar al respecto.

Los constructores de barcos quieren ganar terreno en el mercado global del sector hasta obtener una cuota de en torno al 30 %, tomando la iniciativa en el desarrollo de una tecnología que esperan que experimente un aumento en la demanda.

El Gobierno nipón tiene previsto apoyar la iniciativa incluyendo el desarrollo de barcos autopilotados, en una estrategia nacional de revitalización que tiene prevista, añadió Nikkei.
Esta colaboración entre el sector público y privado tendría como objetivo impulsar el desarrollo y ayudar a la tecnología japonesa a posicionarse como estándar internacional.

El Samsung Galaxy S8, a la venta: características y precio.

El dispositivo se caracteriza por la 'pantalla infinita', prácticamente sin bordes, y un amplio ecosistema de servicios.

La compañía Samsung ha anunciado la disponibilidad de su nuevo buque insignia, el Samsung Galaxy S8 en nuestro mercado, que podrá adquirirse desde abril de 2017, a partir de un precio de 809 euros.

Con unas características que lo convierten en uno de los mejores móviles del mercado, el Samsung Galaxy S8 llega tras haber pasado por los procesos de control de calidad más exigentes. Samsung no quiere problemas, aunque dada la alta flexibilidad de configuración del dispositivo, los agoreros proactivos ven dificultades donde lo que hay es falta de conocimiento del aparato.

En la presentación del producto que la compañía llevo a cabo recientemente en Barcelona, aseguró que el S8 tiene "un diseño eficiente de hardware combinado con una gran variedad de nuevos servicios y aplicaciones, así como una pantalla infinita que permite disfrutar de experiencias de visionado inmersivas", en opinión de DJ Koh, presidente de la división de Comunicaciones Móviles de Samsung Electronics "Es una muestra de nuestro compromiso por volver a ganar la confianza de nuestros usuarios, redefiniendo lo que es posible en términos de seguridad y marcando un nuevo hito en el legado de los 'smartphones' de Samsung".

Características.

El terminal se comercializa en dos tamaños de pantalla: 5,8" y 6,2", con un diseño sin marcos para formar una superficie continua y fluida, sin botones ni ángulos duros. El resultado es una experiencia visual inmersiva y una multitarea cómoda. Por su configuración, se maneja bien con una sola mano, mientras que el material Corning Gorilla Glass 5, en la parte frontal y en la trasera, aumenta la resistencia.

En cuanto a la cámara, está equipado con una frontal F1.7 de 8 megapíxeles con autoenfoque inteligente y una trasera F1.7 Dual Pixel de 12 megapíxeles, que entre sus ventajas destaca la de mejorar las tomas con poca luz e integrar un zoom con anti desenfoque, así como procesamiento de imágenes avanzado.

Incluye el primer chip de 10nm de la industria capaz de acelerar notablemente los procesos de trabajo. Está preparado para conexiones Gigabit LTE y Gigabit WiFi con soporte de hasta 1 Gbps, por lo que los usuarios pueden disfrutar de descargas a buena velocidad.

Este dispositivo cuenta con certificación Mobile HDR Premium otorgada por la UHD Alliance, lo que hace posible visualizar los mismos colores y contrastes que los directores de cine concibieron para sus obras. Para mejorar la experiencia de juego, se ha integrado una tecnología gráfica realista y Game Pack, que incluye los títulos de videojuegos populares y compatibles con Vulkan API.

Está construido sobre Samsung Knox, la plataforma de seguridad de nivel militar, a la que se suma una selección de tecnologías biométricas, incluyendo escáner dactilar, escáner de iris y reconocimiento facial.

Samsung Galaxy S8 es compatible con el servicio de pago móvil de la firma, que soporta tarjetas de crédito y débito de unos 500 grandes bancos internacionales y regionales. Desde hace unos meses, el sistema permite registrar también tarjetas de fidelización.

Otras características son la resistencia IP68 al agua y al polvo; soporte microSD de hasta 256 GB; pantalla always-on y capacidades de carga rápida e inalámbrica.

Galaxy S8 saldrá a la venta en Europa y en España mañana 28 de abril. Se comercializará en tres colores: negro, gris orquídea y plata (midnight black, orchid gray y arctic silver). Estará disponible a un precio de 809 euros y Samsung Galaxy S8+ por 909 euros.

Auriculares AKG.

Samsung incluirá, en breve, distintas funcionalidades de su asistente personal Bixby, así como nuevos accesorios. Por el momento, como accesorio estándar gratuito, se incluyen los auriculares de alto rendimiento calibrados por AKG by Harman (EO-IG955). Este producto, que se vende también de forma independiente por unos 99 euros, dispone de un ajuste de canal híbrido para garantizar la eliminación del ruido y está fabricado con material metálico y cable que no se enreda.

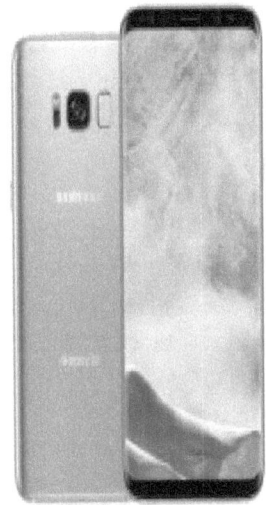

Son compatibles con todos los dispositivos que dispongan de clavija de audio de 3,5 mm e incluyen una unidad de altavoz bidireccional (11 mm+ 8 mm dinámico). Disponibles en color gris titanio y borgoña, pesan 14,8 gr.

Los beneficios de Apple aumentan, pero se ralentiza la venta de iPhones.

Las facturación semestral aumentó el 3,8% hasta 131.247 millones de dólares.

La multinacional Apple alcanzó unas ventas semestrales de 131.247 millones de dólares, el 3,8% más, con un alza de las trimestrales del 4,6% hasta los 52.896 millones. Si en el primer trimestre de su ejercicio fiscal Apple había anunciado un descenso del 2,6% en sus beneficios netos, en el trimestre más reciente pudo reponerse de esa caída y anunció que su ganancia neta creció un 4,9% hasta los 11.029 millones de dólares.

Apple gana dinero pero los inversores parecen querer más de la mayor empresa mundial. La publicación de los resultados generó cierta decepción en el mercado, principalmente por una ralentización en las ventas de su producto estrella, el iPhone, a pesar del ligero aumento en sus beneficios.

Tim Cook durante el anuncio del iPhone 7.

La compañía con la mayor capitalización bursátil de EEUU informó que en el segundo trimestre de su ejercicio fiscal que terminó el 1 de abril, vendió 50,76 millones de teléfonos iPhone, que generaron unos ingresos de 33.249 millones de dólares.

Esas ventas representan el 63% de todos los ingresos de la firma en el trimestre más reciente, por lo que el dato que indica cómo están recibiendo el mercado los modelos iPhone suele ser un indicador que siguen de cerca los analistas para ver la marcha de la firma. Los datos suministrados sobre el trimestre más reciente, los que estaba siguiendo más Wall Street, generaron cierta decepción entre los analistas, que esperaban unas ventas de 52 millones de teléfonos inteligentes.

Ventas de iPhone.

En el mismo trimestre de 2016, Apple vendió 51 millones de iPhones, y lo anunciado está aún más lejos de los 61,2 millones del mismo periodo del ejercicio fiscal 2015. Según dijo en una conferencia con inversores el máximo directivo de Apple Tim Cook, la "pausa" en las ventas está ligada al hecho de que muchos clientes potenciales del iPhone están a la espera del nuevo modelo que se espera para septiembre próximo.

Pero ese elemento siempre se tiene en cuenta cuando se analizan los resultados de Apple, y si en el segundo trimestre de su ejercicio fiscal las ventas del iPhone no han sido como se esperaban, los resultados del siguiente trimestre pueden ser peores. En total, Apple anunció que en los dos primeros trimestres de su ejercicio fiscal acumuló unas ganancias netas de 28.920 millones de dólares, ligeramente por encima de los 28.877 millones que tuvo en el mismo período de su ejercicio anterior.

La compañía informó que en el semestre que cerró a principios de 2017, su ganancia por acción fue de 5,46 dólares, por encima de los 5,19 dólares que tuvo en el primer semestre del ejercicio fiscal anterior.

China.

En la conferencia con los inversores, Cook, el heredero del imperio que forjó Steve Jobs, destacó los desafíos que está teniendo la compañía en China, su segundo mercado, después de EEUU, teniendo en cuenta que sus ingresos trimestrales allí cayeron un 14%.

La compañía de Cupertino anunció que el consejo de administración ha autorizado una ampliación de su programa de recompra de acciones, desde los 175.000 millones, anunciados el año pasado, hasta los 210.000 millones de este año. Y también informó de un aumento del 10,5 % en el dividendo trimestral, que llegará a los 63 centavos y será pagado el 18 de mayo.

Recursos disponibles.

Pero ni Tim Cook ni su jefe financiero Luca Maestri, dieron muchas pistas sobre qué otras medidas puede adoptar Apple para utilizar la ingente cantidad de efectivo que tiene la compañía, que llega a unos 172.000 millones de dólares, descontando la deuda.

Según cálculos de medios especializados, el 90% de ese efectivo se encuentra fuera de EEUU, ya que Apple aprovecha ventajas fiscales en otros países, algo que ha sido muy criticado por la nueva administración de Donald Trump.

Los datos, que fueron difundidos al cierre de Wall Street y las explicaciones dadas por Cook y Maestri no convencieron demasiado a los analistas.

De hecho, después de que terminara la conferencia telefónica con inversores, los títulos de Apple caían un 2% en las operaciones electrónicas posteriores al cierre de Wall Street.

Una caída que se produce el mismo día que el índice compuesto del mercado Nasdaq, en el que cotiza Apple, llegaba hoy a un nuevo récord histórico, el segundo consecutivo.

Alemania aumenta la vigilancia de las mensajerías cifradas de WhatsApp y Skype.

Alemania aprobó este jueves una ley sobre seguridad, muy criticada, que permitirá a las autoridades espiar el contenido de mensajes cifrados enviados por WhatsApp y Skype, en un número de casos mucho mayor que el actual.

Mientras que una oleada de atentados yihadistas sacude a Europa, los diputados votaron un texto sobre "el refuerzo de la eficacia de los procedimientos penales".

Los investigadores alemanes podrán introducir en los celulares y computadoras de los usuarios programas espías (o "troyanos") para poder acceder a los datos de mensajerías encriptadas, como las muy populares aplicaciones WhatsApp y Skype, también en el marco de procedimientos penales.

Hasta la fecha, el Tribunal Constitucional alemán solo autorizaba estas herramientas en el marco de la lucha antiterrorista.

La votación resulta significativa en un país que suele ser paladín en la protección de datos privados, a causa de la huella que dejaron el régimen nazi y el comunista de la RDA después de la Segunda Guerra Mundial.

El ministro de Interior, Thomas de Maizière, se congratuló por la aprobación de la ley, que según él, corrige un "retraso" tecnológico del Estado sobre delincuentes y criminales que utilizan mucho, como el resto de la población, estos programas.

"No es posible que el éxito de un proceso o de la aplicación de una ley dependan del medio de comunicación utilizado por una persona, de si ésta utiliza Whatsapp o si envía SMS", declaró De Mazière al diario Handelsblatt.

Los partidos de la oposición (la izquierda radical y los verdes) denunciaron la herramienta de vigilancia de una talla inédita para el país y votaron en contra.

Este debate está en boga en todos los países afectados por los atentados. Francia y Reino Unido reclamaron el 14 de junio del 2017, que se instaure un sistema de requisiciones legales para los servicios cifrados con el objetivo de reforzar la lucha antiterrorista.

WhatsApp, propiedad de Facebook, y Skype, utilizan el cifrado de datos para garantizarle a sus usuarios la confidencialidad de sus intercambios, y rechazan someterse a las leyes, que en algunos países obligan a los operadores tradicionales de telecomunicaciones (proveedores de internet, operadores de telefonía móvil y fija) a compartir sus datos con el gobierno si este así lo requiere.

El truco que escondía la calculadora del iPhone.

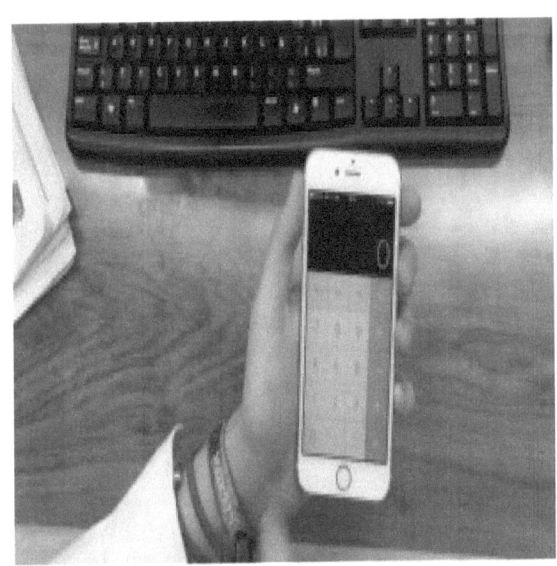

Una función poco conocida de esta aplicación del teléfono revoluciona las redes.

Un pequeño truco de la calculadora del iPhone ha revolucionado a los usuarios de este smartphone en las redes sociales. Se trata de la posibilidad que ofrece esta aplicación del teléfono para borrar números previa-mente marcados. El iPhone ofrece la función de borrar el último dígito introducido, deslizando el dedo hacia cualquiera de los dos extremos de la cifra marcada. Esta es la única manera de borrar sólo un número si el usuario se equivoca, ya que el teclado no incorpora ningún botón que permita eliminar cifras individuales. Solamente hay la posibilidad de marcar la tecla 'C', que borra todos los números introducidos. Cabe remarcar que este truco siempre borra la última cifra tecleada.

Esta función de la calculadora del iPhone no es nueva. Se ha extendido ahora después de que un joven sueco haya publicado un vídeo en Twitter mostrándola. El tuit en cuestión ya lleva más de 23.000 retuits.

Katy Perry, primera persona con 100 millones de seguidores en Twitter.

La plataforma felicita a la artista en un tuit con un vídeo resumen de su trayectoria en Twitter.

La popularidad de Katy Perry sigue subiendo como la espuma. Este viernes, la cantante se convirtió en la primera persona que logró llegar a los 100 millones de seguidores en Twitter. La propia plataforma felicitó a la artista en un tuit que incluye un vídeo que resume su trayectoria desde que se unió a Twitter, el 21 de febrero del 2009.

Perry, la persona más seguida en Twitter, también es una usuaria muy activa, ha publicado más de 8.500 tuits, es decir, unos 1.000 al año. La cantante se estrenó anunciando que había llegado a Berlín y que se encontraba mejor, haciendo referencia probablemente a un resfriado. "Acabo de llegar a Berlín ... me siento mejor gracias, tienen mi inhalador vicks por mi cabecera ... y P.S. ¡I TWITTTTER! GAH. ¡Un seguidor!", tuiteó Perry.

Esta misma semana, Perry ha utilizado Twitter para ir informando sobre su nuevo álbum y su gira mundial de promoción, así como para retuitear mensajes de algunos de sus 100 millones de seguidores.

La revolución tecnológica llega a los recursos humanos pero necesita un cambio cultural.

El 65% de las empresas españolas ha iniciado ya su transformación digital.

La revolución tecnológica no ha hecho más que comenzar. Ante el tsunami digital que ya ha invadido todos los sectores y los que se avecinan solemos centrarnos en productos y soluciones. Pero uno de los principales cambios se centra más en otro aspecto, el cambio cultural que requiere de adoptar nuevas metodologías y lograr procesos industriales más eficientes. Antes hay  que creérselo, filosofar sobre las necesidades y asumir que todos los departamentos de la empresa deben subirse al carro de los nuevos tiempos.

Y parte del trabajo de alcanzar la innovación viene de la capacidad de detectar talento, contratarlo y no lo olvidemos, retenerlo. De ahí que los departamentos de recursos humanos deban formar parte del nuevo engranaje digital. Porque hasta ahora, su función ha sido más servicial. Los expertos en transformación digital creen sin embargo, en la necesidad de que exista una nueva generación de RR.HH. que se integre no solo en los procesos industriales y en el trabajo diario de una empresa, sino también se esfuerce en extender un sistema colaborativo y un discurso que busque rascar las buenas ideas para potenciarlas vengan de donde provengan. Porque quién sabe si la nueva y brillante idea que contribuirá al crecimiento de un proyecto esté más cerca de lo que crees, en un compañero de pupitre.

Según un estudio de la consultora IDC en colaboración con la compañía de soluciones para recursos humanos Cornerstone Ondemand, titulado «El negocio del futuro», el 90% de las empresas en España considera la transformación digital como una prioridad de negocio, porcentaje que se queda en Europa en el 84%. El informe pone de manifiesto que el departamento de RR. HH desempeñará un papel determinante, particularmente en la llamada fuerza de trabajo. Los profesionales de este departamento deberán hacer frente a nuevos retos y oportunidades a medida que la empresa comienza a transformarse, porque será un factor fundamental.

Hasta la fecha el departamento de recursos humanos ha sido visto casi como una cenicienta dentro la empresa, pero los expertos creen que deben asumir un papel más relevante en el proceso de transformación digital.

Un escenario.

Es que el 65% de las empresas españolas ya ha iniciado proyectos al respecto, cuatro puntos porcentuales por encima de la media europea, que está en el 61%, según datos del informe. «Siempre ha surgido en los RR.HH. La pregunta de cómo ser más estratégicos para el negocio y dejar de ser una función de soporte», reconoce Marc Altimiras, Vicepresidente de Ventas en Europa del Sur de Cornerstone. De hecho -insiste- las organizaciones son conscientes (el 80% de los encuestados) que es necesario incorporar a estos empleados y secciones para lograr modernizar la empresa en aras de ser más competitivos.

«Los recursos humanos habían pasado de ser puramente relacionados sindicales, pero se quedaban como herramienta de soporte. De golpe y porrón han empezado a ser parte crítica de la empresa y debe dar soluciones eficientes para ayudar en la transformación digital, captar talento y fidelizar a los empleados», explica. Sin embargo, existen varios obstáculos que solventar para hacerlo posible. En primer lugar, un cambio cultural, que es la «principal barrera para acometer proyectos de transformación digital», pero requiere que la dirección acepte que es una prioridad para el negocio. Y, por otro, la falta de recursos financieros y sistemas informáticos anticuados.

Según las conclusiones del estudio, la gran mayoría de empresas tiene dificultades en retener a aquellos individuos con el talento necesario para impulsar proyecto de este tipo. Los departamentos de RR. HH. pueden mejorar la retención a través de la mejora de funciones como la incorporación, la medición del compromiso de los empleados o los incentivos de transparencia y orientación para el rendimiento. Pero necesitan las herramientas adecuadas para poder alcanzar este objetivo.

En España, el 90% de las empresas reconoce la transformación digital como una prioridad del negocio, pero solo el 65% ha iniciado realmente el camino hacia la transformación. Eso es ligeramente algo más positivo que la media europea, en la que el 84% la considera una prioridad del negocio y un 61% está en la actualidad embarcada en el proceso de transformación digital.

La directora de Investigación de IDC España, Marta Muñoz, ha afirmado en la presentación del informe que la inversión en última tecnología por parte de las empresas españolas crecerá alrededor de un 17% hasta 2021, frente al 20% a nivel europeo. Este incremento recaerá concretamente en la llamada tecnología «aceleradora» que incluye la robótica, la seguridad, la impresión 3D y la realidad aumentada.

En el caso de la tecnología Big Data, redes sociales, movilidad, o sistemas en la nube, las empresas aumentarán su gasto aproximadamente en un 5%. Por otro lado, el informe se centra en el papel del departamento de Recursos Humanos de una empresa y lo sitúa como factor «fundamental» para alcanzar esa transformación digital. La directiva ha afirmado que esa figura «está cambiando y pasa de un rol dedicado a la gestión administrativa a uno integrado con la línea de negocio».

Google podría enfrentarse a una multa de más de 1.000 millones por abuso de mercado.

El gigante tecnológico Google podría enfrentarse a una multa de más de 1.000 millones de euros impuesta por el Regulador de Competencia europeo por supuesto abuso de posición dominante en el mercado, según informó este viernes el diario británico «Financial Times« sin que todavía se haya anunciado formalmente por parte de Bruselas.

En concreto, se acusa a Google de manipular los resultados de sus motores de búsqueda a favor de su nuevo servicio «Google Shopping», el cual ofrece comparaciones de precios de productos.

En el caso de que finalmente la sanción multimillonaria se haga efectiva, algo de lo que se prevé que la Comisión Europea informe en las próximas semanas, supondría una multa sin precedentes para el grupo tecnológico.

Según la normativa antimonopolio de la UE, las sanciones por posición dominante en el mercado están limitadas a un máximo del 10% del volumen de negocio de la empresa en cuestión, que en el caso de la matriz de Google, Alphabet, alcanzó los 90.272 millones de dólares (84.410 millones de euros) en 2016.

Robots para que Facebook deje de ser un patio de recreo para ciberterroristas.

La multinacional americana reconoce un problema de difusión de contenidos extremistas y aclara que aplica sistemas informáticos basados en inteligencia artificial para detectar los mensajes inapropiados antes de publicarse, aunque asume la necesidad de colaboración de otros organismos gubernamentales para detener esta lacra.

Las redes sociales se han convertido en un corral en donde picotean las personas con sus amigos y familiares, y de paso se informan y consumen contenidos por doquier. Pero, al margen de estas inocentes actividades, también es el patio de recreo de ciberterroristas que comparten y difunden contenidos extremistas. Un escenario que Facebook, la mayor red social del planeta, pretende combatir con la aplicación de sistemas informáticos basados en inteligencia artificial y la ayuda de organismos gubernamentales.

A raíz de los últimos ataques terroristas y en medio de la lacra de las llamadas «noticias falsas», la multinacional americana vive con un quebradero de cabeza de difícil solución. El empleo de las redes sociales por parte de grupos extremistas es cada vez más habitual, puesto que difundir un mensaje en video por ejemplo para captar miembros para la causa yihadista es demasiado sencillo. Pero la firma fundada por el joven multimillonario Mark Zuckerberg tiene un plan: ha empezado a combatir el terrorismo mediante un algoritmo informático basado en inteligencia artificial capaz de analizar imágenes y textos extremistas en tiempo real.

Para ello, ha empezado a utilizar una serie de herramientas recientemente. Y lo consigue, además, antes incluso de que se publiquen, en una maniobra que se apoya en un equipo de 150 expertos en revisión de textos, según señala en un comunicado Monika Bickert, directora de políticas globales, y Brian Fishman, responsable de política antiterrorista de la compañía. La idea con la que trabaja es la combinación de un «ojo» informático y la intervención de la mano humana; es la fórmula para bloquear este tipo de comentarios.

Facebook se enfoca, especialmente, en detectar imágenes y videos producidos por el Estado Islámico y Al Qaeda, aunque no se ha pronunciado sobre otras organizaciones terroristas. El software de la red social que se apoya en sistemas cognitivos trabaja mediante el análisis y la comparación de contenidos de ciberprogaganda difundidos con anterioridad por grupos extremistas. En base a su repercusión, Facebook logra -reconocen- detectar una nueva actualización, paralizando su difusión en pocos minutos y evitando así que se hagan virales.

No obstante, de la misma forma que tiene lugar con las imágenes, la plataforma cuenta con otros sistemas que analizan los textos de las publicaciones. Esa inteligencia artificial, que se basa en métodos de «machine learning» o aprendizaje automático a partir de otras publicaciones de terroristas, sería capaz de detectar los «posts» relacionados con el terrorismo antes incluso de su publicación. Es decir, justo en el momento en el que se cargan en los servidores. «Queremos localizar contenido terrorista inmediatamente, antes de que los usuarios de nuestra comunidad lo hayan visto», prometen.

Pese a reconocer el problema, desde la compañía asumen –apuntan- que no se trata de una «solución técnica fácil» sino más bien un conjunto de ideas en las que han empezado a trabajar, aunque sus resultados se desconocen. El reto de «limpiar» de videos y textos inapropiados por parte de Facebook requerirá también de otras herramientas adicionales, según anuncian las mismas fuentes. Para lograrlo, la empresa insta a estrechar una colaboración entre distintos organismos gubernamentales, administraciones, la cooperación del sector o empresas de servicios de encriptación de comunicaciones.

Algunas de estas medidas se empezarán a aplicar también en otros servicios de la compañía como la red de fotografía Instagram o la aplicación de mensajería WhatsApp. En la red social, incluso, se utilizan técnicas para evitar que los terroristas creen varias cuentas una vez han sido bloqueados. A pesar del uso de algoritmos, Facebook ha asegurado que dispone también de personal especializado encargado de supervisar los contenidos sensibles en la red social. Además del sistema de denuncias, que son revisadas por una comunidad de 3.000 trabajadores, Facebook ha creado un equipo de 150 especialistas en contraterrorismo.

Lanzan una aceleradora de "startups" que funciona como una ciudad.

La española Laura González-Estéfani lanzó hoy en Miami (Florida) una aceleradora de "startups" que cuenta con un ayuntamiento, mercado y biblioteca virtuales para que los emprendedores se sientan en su propia ciudad.

González-Estéfani, que cuenta con una experiencia de nueve años en Facebook, escogió el foro tecnológico eMerge Americas, para presentar hoy oficialmente su proyecto TheVentureCity, una aceleradora que permite recurrir a las distintas áreas de la "ciudad", que en realidad representan las secciones de financiación, asesoría, internacionalización o fábrica, entre otros.

"Lo explicamos como una ciudad porque es más fácil de entender, por ejemplo, el ayuntamiento es el equipo que se encarga de enseñar a las empresas a cómo levantar capital", indicó la ejecutiva en declaraciones a Efe en Miami.

TheVentureCity, que ya cuenta en su cartera inicial con 17 "startups" de todo el mundo, escogió la conferencia tecnológica eMerge, inaugurada hoy en el Centro de Convenciones de Miami Beach, con una ponencia del cofundador de Apple Steve Wozniak, porque congregará en sus dos jornadas a más de 100 oradores y 13.000 asistentes, según la organización del evento.

El foro contará además con una sala de exposiciones, un concurso para emprendedores y muchas oportunidades de "networking", iguales a las que ayudaron a las "startups" que a partir de hoy están en TheVentureCity. *González-Estéfani fue la primera empleada de Facebook en España y de 2008 a 2012 asumió el cargo de directora de la oficina de la red social para España y Portugal.*

Verizon completa la adquisición de Yahoo por 4.480 millones de dólares.

El gigante de las telecomunicaciones Verizon completó este martes la adquisición del negocio principal del portal Yahoo en una operación valorada en 4.480 millones de dólares, y confirmó la salida de su consejera delegada, Marissa Mayer.

Verizon unirá a partir de hoy el negocio operativo de Yahoo con el de AOL en una nueva filial que pasará a llamarse Oath y que incluye HuffPost, Yahoo Sports, AOL.com, Tumblr, Yahoo Finance y Yahoo Mail.

"El cierre de esta transacción representa un paso crítico en el crecimiento a escala global que necesitamos para nuestra compañía digital", dijo en un comunicado la presidenta para Medios de Verizon, Marni Waldern.

Oath estará dirigida por Tim Armstrong, exconsejero delegado de AOL, quien aseguró hoy que su prioridad será convertirse en la mejor compañía de medios generalistas y en el mejor socio para proveedores de contenido y publicidad.

Verizon pagó finalmente 4.480 millones de dólares por una empresa que fue clave en la popularización de internet, según el acuerdo que firmaron las compañías en febrero pasado después de sufrir Yahoo varios ciberataques.

Inicialmente, en julio de 2016, la primera compañía de telefonía móvil de Estados Unidos y segunda del sector de telecomunicaciones, después de AT&T, había anunciado la compra de Yahoo por 4.830 millones de dólares.

Completada la operación, Verizon suprimirá un total de 2.100 puestos de trabajo en Yahoo y AOL, un 15 % de los cerca de 14.000 de trabajadores que tienen ambas compañías, en un intento por reducir duplicidades y hacer más eficiente la organización.

Facebook apuesta por los desarrolladores de Latinoamérica Facebook.

Facebook observa un gran auge en Latinoamérica y por ende invierte en los desarrolladores locales que trabajan en la creación de comunidades innovadoras, señaló este martes a EFE una ejecutiva en el campo de alianzas de la red social.

Para la compañía de Mark Zuckerberg, Latinoamérica es de las regiones que más rápido adopta sus productos y por eso busca crear las mejores herramientas que ayuden a sacar adelante las iniciativas de los emprendedores locales, dijo la directora de la Plataforma de Alianzas de Facebook Latinoamérica, Francesca de Quesada Covey.

"Para nosotros, Latinoamérica es importante, hemos encontrado mucha innovación local y además hay cercanía con Estados Unidos, lo que permite compartir ideas rápidamente", señaló la ejecutiva, una de las ponentes del foro tecnológico eMerge Américas, que hoy celebra en Miami Beach su segunda y última fecha.

De Quesada habló de "cocreación" de un sistema de retroalimentación, en donde la red social más grande del planeta busca saber lo que las diferentes comunidades quieren y necesitan para que Facebook luego sea utilizado de la mejor manera por los desarrolladores de la región.

La compañía ha redoblado esfuerzos en esa línea con la puesta en marcha de Developers Circle, comunidades en línea y "offline" de intercambio de información e ideas entre desarrolladores, de las que la primera en América Latina fue implantada en México, con buenos resultados.

La ejecutiva observa que en la región no solo hay talentos sino también recursos, un crecimiento de inversión, pero al mismo tiempo "muchas personas que aún no están conectadas a internet", sea por falta de infraestructura o escaso acercamiento a las herramientas digitales.

"Tenemos que hacer que las personas aprendan lo que es internet y cómo conectarse", destacó.

En la conferencia tecnológica, que se desarrolla en el Centro de Convenciones de Miami Beach, De Quesada ofreció una ponencia en la que puso de relieve cómo el enfoque de "comunidad" será el preponderante en la visión de la red social en los próximos diez años.

"Es aprender y retroalimentarnos para todos poder avanzar juntos", manifestó la ejecutiva.

Inauguran en Ecuador centro de seguimiento contra ensayos nucleares.

Ecuador inauguró hoy una segunda estación de seguimiento en las Islas Galápagos contra ensayos nucleares, una iniciativa que ha llevado a cabo estos últimos meses por acuerdo con la organización internacional OTPCE, se informó en un comunicado.

La estación, la segunda que habilita en esas islas la Organización del Tratado de Prohibición Completa de Ensayos Nucleares (OTPCE), fue inaugurada por su secretario ejecutivo Lassina Zerbo y la ministra presidenta del Consejo de Gobierno del Régimen Especial de Galápagos Lorena Tapia Núñez.

El acuerdo entre ambas partes consiste "en la instalación de dos estaciones de monitoreo capaces de detectar explosiones nucleares y aportar con datos para la detección de tsunamis y para estudios científicos que contribuyan a una mejor comprensión de los océanos, volcanes y el cambio climático", dice la nota de prensa.

La primera fase se completó en noviembre del 2016 con la incorporación de la estación de Radionúclidos N24 en instalaciones del Parque Nacional Galápagos, mientras que en la ceremonia de hoy se inauguró la Estación de Infrasonido del Sistema Internacional de Vigilancia de la OTPCEN.

Esta operará con el objetivo de contar con información generada por el Sistema Mundial de Vigilancia para alertar en caso de sismos y otros fenómenos naturales.

La nueva estación será operada, mantenida y certificada por técnicos del Instituto Oceanográfico de la Armada ecuatoriana.

En un breve recorrido por el lugar Tapia recalcó la importancia de proteger el frágil ecosistema de las islas Galápagos, también el principal atractivo turístico del país y donde el movimiento de personas está restringido para preservar su ecosistema.

Amazon compró supermercados Whole Foods por 13.700 millones de dólares.

El gigante de distribución en línea Amazon comprará la cadena de supermercados orgánicos Whole Foods por 13.700 millones de dólares, extendiendo su imperio económico, anunciaron los dos grupos este viernes.

Amazon adquirirá al número uno de alimentos orgánicos y especializados de Texas por 42 dólares la acción. Whole Foods cotizaba en el rango promedio de 30 dólares la acción, en mayo y parte de junio de 2017.

La cadena, que ha enfrentado la presión de los inversionistas, continuará operando tiendas bajo su marca y será dirigida por su cofundador y presidente ejecutivo, John Mackey, dijeron las compañías.

"Esta sociedad representa una oportunidad para maximizar el valor de los accionistas de Whole Foods Market, al mismo tiempo que amplía nuestra misión y aporta la más alta calidad, experiencia, conveniencia e innovación a nuestros clientes", dijo Mackey.

A principios de año, Whole Foods reemplazó a cinco miembros del directorio y a su director financiero.

El acuerdo es el último gran movimiento de Amazon y su carismático jefe ejecutivo Jeff Bezos, quien hizo crecer a la compañía desde una pequeña librería en línea en la década de 1990 a un gigante global de venta minorista que ofrece una amplia gama de productos y crea premiadas transmisiones de entretenimiento.

Spotify se convirtió en la plataforma de streaming musical con más usuarios.

El número uno de la música en línea, Spotify, anunció este jueves que ya tiene 140 millones de usuarios y que su volumen de negocios aumentó, pero sigue sin dar beneficios.

Las cuentas anuales de la marca, con sede en Luxemburgo, muestran un aumento del 53% de su volumen de negocios en 2016, hasta 2.900 millones de euros.

En 2015 el crecimiento del volumen de negocios fue del 80%. En cambio, la pérdida neta aumentó más de dos veces respecto al año pasado, con 539 millones de euros.

Desde su creación en 2008, Spotify nunca ha logrado un beneficio neto. De sus 140 millones de seguidores, menos de un tercio (48 millones) pagan un abono.

Spotify ya está disponible en 60 países y planea su próximo desembarco en Japón, el segundo mercado musical del mundo.

Muy por detrás de Spotify aparecen Apple Music, que a final del 2016 anunció 20 millones de abonados, y luego la francesa Deezer.

Descubridores de las ondas gravitacionales recibieron Premio Princesa de Asturias.

El Premio Princesa de Asturias de Investigación Científica y Técnica de este 2017 fue otorgado a los descubridores de las ondas gravitacionales Rainer Weiss, Kip Thorne y Barry Barish, miembros del Observatorio de Detección de Ondas Gravitacionales (LIGO, por sus siglas en inglés).

El jurado de la Fundación Princesa de Asturias explicó que el descubrimiento hecho por los físicos estadounidenses "responde a uno de los desafíos más importantes de la física en toda su historia".

La detección "ha supuesto un hito en la historia de la física al confirmar la predicción de Einstein", por lo que "ha marcado el inicio de un nuevo campo de la astronomía, la astronomía de ondas gravitacionales".

Rainer Wiess fue el encargado de construir un detector láser para analizar las ondas gravitacionales, mientras que Kip Thorne se encargó de los fundamentos teóricos del fenómeno.

Por su parte, el recientemente fallecido Ronald Drever fue uno de los impulsores de la creación de LIGO, en conjunto con Barry Barish, que agrupa a 1.167 científicos de más de un centenar de universidades dedicados a detectar estas ondas.

China lanzará al espacio cuatro nuevos satélites antes de 2021.

China lanzará al espacio cuatro nuevas sondas y satélites antes del año 2021, como parte de sus esfuerzos por mejorar y desarrollar su capacidad espacial, informó la agencia estatal de noticias Xinhua.

Según explicó este viernes la Tecnología e Industria para la Defensa Nacional de China (SASTIND, en inglés) a través de un comunicado, uno de los satélites -desarrollado de forma conjunta por China e Italia– será proyectado al cosmos el próximo mes de agosto para analizar "campos y olas electromagnéticas" que den respuesta a los fenómenos relacionados con los terremotos.

Otros dos de ellos -diseñados por el país asiático y Francia– no llegarán al espacio hasta 2018 y 2020, respectivamente. Se encargarán de estudiar "las olas y vientos en la superficie marina" con el fin de mejorar la previsión meteorológica de las mareas y fortalecer la prevención de desastres naturales.

Ya en 2021, el gigante asiático hará llegar al espacio un último satélite que se centrará en la investigación de la "materia oscura" y la "evolución del universo", tras la "exitosa" puesta en órbita este jueves del telescopio de rayos X HXMT, para explorar el comportamiento de los agujeros negros y los campos magnéticos.

Los lanzamientos forman parte del programa de satélites científicos que desarrolla China, de forma paralela al plan de exploración de la Luna y los de envío de misiones tripuladas, que incluyen el establecimiento de una estación orbital permanente.

Hable con su casa.

La domótica revive con los nuevos asistentes domésticos y las 'apps' del móvil. Apple, Google y Amazon convierten el hogar en su nuevo campo de batalla.

La domótica está viviendo un cambio radical con la aparición de dispositivos conectados a internet y más sencillos de instalar para el usuario particular, impulsados por compañías expertas en el gran consumo. Las apps de control doméstico pero sobre todo los nuevos asistentes que se controlan por voz de Apple, Google, Amazon y el que prepara Samsung abren nuevas opciones que permiten automatizar la casa sin tener que desplegar cables ni dedicar mucho dinero para mejorar la eficiencia energética de una vivienda, gestionar los aparatos o mejorar la seguridad.

Son muestras del futuro "hogar conectado" o 'smart home', una especie de domótica 'light' basada en conexiones wifi que los profesionales del sector distinguen de la domótica tradicional (que usa el cable de fibra óptica o la radiofrecuencia para conectar todos los aparatos del hogar) y de la inmótica (la que incluye todo el edificio, normalmente oficinas e industrias). "Son muy positivos porque están haciendo que la gente se interese por la automatización y dejen de considerar la domótica como algo solo para ricos" afirma Meritxell Esquius, responsable de marketing de la empresa Loxone, una de las multinacionales del sector.

Esta nueva tecnología fusiona el puro control remoto con el uso masivo de datos ('big data') el reconocimiento de lenguaje y procesamiento del habla y el aprendizaje automatizado ('machine learning') para crear un escenario en el que las máquinas aprenden de los hábitos de los usuarios y que los más pesimistas comparan con un nuevo HAL 9000, la inteligencia artificial que modificaba la vida de los tripulantes de la nave espacial de '2001 Una odisea en el espacio', la novela que escribió Arthur C. Clarke en 1968.

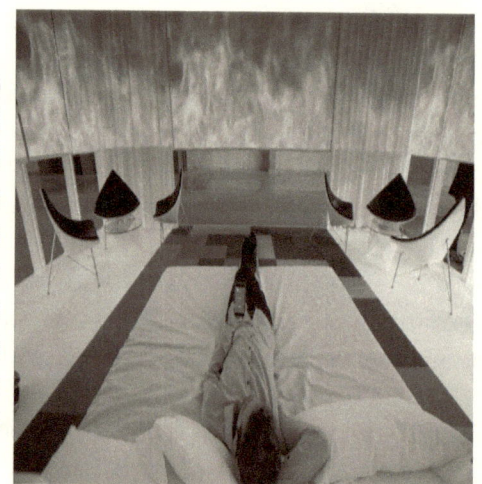

Nest, el pionero.

Uno de los primeros aparatos fue, en este sentido, en el 2011 el termostato Nest, un invento de dos exingenieros de Apple, entre ellos el 'padre' del iPod Tony Fadell, que gestiona los consumos domésticos de calefacción a través de sensores (para controlar presencia y temperaturas) para crear patrones de comportamiento a partir de los datos de todos sus usuarios y la información de las compañías con el fin de ahorrar energía. Al termostato, que es un centro de control con un diseño muy minimalista, se le han ido añadiendo cámaras de vigilancia y detector de humos, todo gestionado también desde una app. Nest fue comprada por Google un año después y ha sido el germen de Google Home y toda una nueva división de productos de la compañía.

Los productos se pueden encontrar en tiendas y en internet y no sólo en manos de los instaladores.

"Este 'hogar conectado' está más cerca de la internet de las cosas (IOT) y hace más difusa la frontera con la domótica. También supone que los productos ya no los vendan sólo los instaladores e integradores sino que se encuentren en tiendas convencionales o en internet, y se los pueda configurar cada uno" explica Jordi Sabater, de la Asociación Española de Domótica e Inmótica (Cedom) que agrupa a fabricantes locales de dispositivos.

En este sentido, muchos 'manitas' electrónicos y 'makers' han desarrollado kits domésticos con Rasperry Pi, placas Arduino y sensores para controles domésticos y de huertos urbanos.

La pantalla más familiar.

Los smartphones abrieron la veda para simplificar los desarrollos. "Desde que se popularizaron, el interés por la domótica se ha disparado. La gente se siente más cómoda con un dispositivo que ya controla, como el móvil, que con una pantalla en una pared", apunta Ignasi de Ros, director del máster en Automática, Domótica y Robótica de La Salle-URL, el único en Catalunya dedicado a la especialidad.

"Además, el fabricante tradicional de domótica viene del mundo industrial donde los cambios son muy lentos y se tardaba mucho en sacar cosas nuevas. En cambio, Google, Apple o Amazon, con una cultura de innovación muy grande, sacan productos nuevos cada año. Si te compras un sistema externo lo puedes ir cambiando a menudo, pero un sistema integrado no. Y la gente se cambia de móvil cada año, pero de casa no", añade.

Los últimos son los altavoces que no sólo reproducen la música del móvil sino que, conectados a internet, funcionan como asistentes virtuales capaces de apuntar o realizar cosas y controlan aparatos con la voz. Son el Homepod de Apple, los Echo de Amazon, el Google Home y Samsung prepara también el suyo con su asistente de voz Bixby. Ninguno de ellos de momento ha llegado oficialmente a España, aunque el desembarco se espera pronto.

"Son como chuches que hacen la función de controlar dispositivos pero no sistemas domóticos. La aparición en el mercado nos va bien a todos porque ni Google ni Apple se van a dedicar a instalar nada", afirma Albert López, arquitecto en la empresa de domótica Somfy.

Precios más baratos.

Los nuevos aparatos inalámbricos también han reducido los precios globales de instalación, porque ya no se necesita cablear la casa, lo que también limitaba el momento de adoptar un sistema domótico a las obras nuevas de viviendas unifamiliares o a rehabilitaciones muy integrales, aunque estas, que siempre han sido menos, están tomando empuje, según explica Alba Álvarez, del clúster catalán de domótica Domotys.

Según los instaladores, los costes pueden reducirse hasta un 80% y de los 80-100 euros por metro cuadrado de la instalación domótica en una casa se ha pasado a unos 12-15 euros por metro cuadrado actuales. Pero estos precios no son estándares, y otras empresas doblan este último presupuesto para una instalación tipo que incluya control de calefacción y persianas, alarma integrada con aviso al propietario y monitorización de todo el conjunto a través de una app, mano de obra y proyecto aparte.

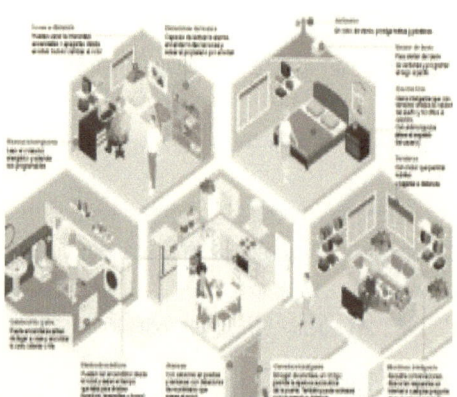

La falta de estándares unificados obligará a los usuarios a decidirse por un sistema u otro.

Pero ni Google ni Apple ni Amazon han resuelto el mayor problema de la industria domótica, la ausencia de protocolos unificados que simplifiquen las instalaciones y permitan ir añadiendo productos de distintos fabricantes. Es más, han añadido incertidumbre y han vinculado las soluciones a los sistemas operativos móviles, aunque Google tiene app para su Home en iPhone.

Integración.

El protocolo más extendido en Europa y China es KNX, con versiones cableadas e inalámbricas, que sus partidarios defienden argumentando que gasta menos, es más rápido que el wifi y que con programación a medida y pasarelas permite integrar nuevos aparatos. En estos casos se puede aprovechar incluso el mando a distancia que ya utilicen los equipos de sonido como base para incluir también, por ejemplo, el control de las persianas, explica Esquius.

Google, Amazon y Apple, en cambio, certifican cada uno a sus proveedores y pocos funcionan para más de uno. Las bombillas Hue de Philips, que usan el protocolo inalámbrico Zigbee, son de los pocos aparatos que funcionan con todos los fabricantes. La gama Nest sólo funciona con Google Home y el HomeKit de Apple (que tiene Siri como base) utiliza los termostatos y cámaras de la francesa Netatmo, bastante parecidos a Nest. Incluso Ikea, que lanzó el pasado marzo bombillas regulables a través de apps, también utiliza una solución y una app propia.

"Ganará la partida el que tenga más posibilidades de integrar aparatos distintos", añade López.

El control de los datos.

Tantos sensores y captación de acciones generan un volumen de datos que las propias compañías utilizan para establecer patrones que sirvan a la gestión del sistema. Es el caso de Nest, que ya se publicita como "el termostato que aprende de sus usuarios". Son datos, por otra parte, que también generan otros dispositivos no domóticos, como los contadores inteligentes de electricidad.

El almacenamiento y el tratamiento de estos datos, sin embargo, generan riesgos, como se reveló hace un año cuando delincuentes informáticos utilizaron cámaras de video vigilancia y termostatos para lanzar ciberataques contra Dyn, la empresa que da servicio web a Twitter, Airbnb, Spotify o Netflix, entre otros.

También se han hecho ensayos y pruebas de vulnerabilidades en varios congresos de seguridad informática. Esto hace que las empresas de domótica más tradicionales hayan convertido la privacidad en un argumento de venta, con dispositivos que almacenan los datos del usuario en servidores domésticos sin que se copien en otros externos. Sin embargo, el móvil permite un acceso remoto y por tanto 'hackeable'.

LG lanza un móvil de gama media con una autonomía superior a dos días.

El terminal aporta un sistema de cámaras con gran angular para mejorar los selfies.

La compañía LG acaba de poner en el mercado el nuevo modelo LG X power2 posicionado en la gama media de precios. Cuesta unos 250 euros y está pensado para usuarios que utilizan a fondo las características multimedia y de juego del aparato.

Un importante diferencial del equipo es su batería de 4.500 mah diseñada para durar más de dos días sin recargarlo. Ofrece 26 horas de llamadas, 18 horas de visualización de contenidos o 19 horas de navegación web con la carga completa. Integra una pantalla in-cell Touch de 5,5 pulgadas y resolución HD (1.280 x 720) que proporciona una experiencia de visionado inmersiva y colores naturales.

"LG X power2 se ha diseñado para cumplir con las necesidades de los usuarios que quieren sacar el máximo partido a sus smartphones entre los tiempos de carga y funcionalidades avanzadas de nuestros smartphones premium", indica Juno Cho, presidente de LG Electronics Mobile Communications Company.

Gran angular.

El dispositivo integra una cámara frontal de 5 megapíxeles con gran angular para hacer selfies a grandes grupos de manera sencilla. Tiene también funcionalidades de cámara como Auto Shot o Gesture Interval Shot que simplifican la captura de selfies ya que permiten hacer este tipo de fotografías a través del reconocimiento facial o de un gesto hecho con la mano. Con la herramienta Quick Share se pueden publicar las fotos en redes sociales con un clic.

En la parte trasera hay una cámara de 13 megapíxeles con Zero Shutter Lag para fotos rápidas y sin retraso. Su flash LED de tono suave permite tomar imágenes en condiciones de baja luminosidad. En España LG X power2 está disponible por 249 euros.

Japón lanzó un nuevo satélite para mejorar su red de posicionamiento GPS.

La Agencia Aeroespacial de Japón (Jaxa) lanzó a mediados del 2017, un nuevo satélite para mejorar su red de posicionamiento GPS, que también contribuirá al establecimiento de un sistema de comunicación en el país asiático en caso de desastre natural.

La Agencia Aeroespacial de Japón (Jaxa) y la empresa Mitsubishi Heavy Industries lanzaron el satélite de comunicaciones Michibiki 2 a bordo de la última versión del cohete japonés H-IIA desde el centro espacial de la isla de Tanegashima, situada en la prefectura de Kagoshima (sudoeste de Japón) a las 9.17 hora local (0.17 GMT).

El lanzamiento y el vuelo del vehículo espacial "procedieron como estaba planeado y la separación del satélite se confirmó 28 minutos y 21 segundos después de la hora de lanzamiento", informó la JAXA en un comunicado.

Se trata del segundo de estos aparatos que Japón lanza dentro de su sistema de satélites quasi-zenith que operan a una altitud de entre 33.000 y 39.000 kilómetros sobre la Tierra, y cuya función es corregir las señales de navegación global para uso complementario del sistema de posicionamiento global (GPS) estadounidense.

El primer Michibiki (término japonés que podría traducirse como "guía" u "orientación") fue lanzado en septiembre de 2010, y la JAXA planea lanzar dos nuevos satélites más para marzo del próximo año.

Una vez completado el sistema nipón, los usuarios de teléfonos inteligentes y asistentes de navegación en vehículos recibirán información más precisa sobre los mapas de las aplicaciones.

La NASA enviará una misión para "tocar el Sol" en 2018.

La Agencia Aeroespacial de EEUU (Nasa) anunció el lanzamiento en 2018 de la sonda Parker, que se acercará más que ningún otro instrumento al Sol, tocando su corona y realizando mediciones en una región de temperaturas extremas jamás exploradas.

La NASA explicó que la sonda Parker, bautizada así en honor a Eugene Parker, el astrofísico que desarrolló la teoría de los vientos solares supersónicos, se acercará a 6 millones de kilómetros de la superficie solar a una velocidad que alcanzará los 200 kilómetros por segundo.

Por primera vez una misión osará adentrarse en la corona solar, una región llena de misterios, que alcanza temperaturas muy superiores a la superficie del "astro rey", y que sigue escondiendo secretos que solo la teoría astrofísica se ha atrevido a responder, como la aceleración de los vientos solares.

Parker, presente hoy en el anuncio realizado desde la Universidad de Chicago, subrayó que esta misión es un hito "heroico" que hasta hace poco era impensable, debido a las masivas cantidades de radiación, temperaturas y velocidades a las que se verá sometido el delicado equipo de medición.

Thomas Zurbuchen, jefe de misiones de la NASA, resaltó que en honor a Parker, cuyas teorías desde 1958 han sido la base para el estudio del comportamiento del Sol, la agencia ha bautizado por primera vez una misión con el nombre de un científico aún vivo.

Apple TV contará con Amazon Prime Vídeo este año.

El gigante tecnológico estadounidense Apple empezó este lunes su conferencia anual de desarrolladores de software con el anuncio de que Apple TV contará con Amazon Prime Vídeo este año.

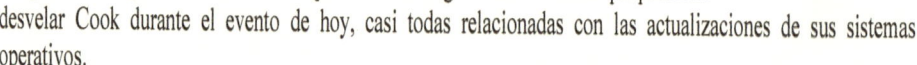

Tim Cook, consejero delegado de la compañía, dijo que Amazon, que posee series como "Transparent", "Mozart in the Jungle" o "Man in the High Castle", formará parte de Apple TV en los próximos meses, de forma que se une a otros 50 canales ya integrados en la plataforma. Esa fue la primera de seis grandes novedades que prometió desvelar Cook durante el evento de hoy, casi todas relacionadas con las actualizaciones de sus sistemas operativos.

"Es genial estar de vuelta aquí, en el corazón de Silicon Valley, al lado del nuevo campus", dijo Cook al comienzo del evento, celebrado por primera vez en casi 15 años en el McEnery Convention Center, en San José (sureste de San Francisco) en vez del tradicional Moscone West Convention Center, de San Francisco.

Cook expresó que esta conferencia promete ser "la mejor y la más grande" celebrada por la empresa en su historia, pues asisten más de 5 mil personas provenientes de 75 países.

Facebook implementaría los zumbidos de MSN Messenger en su chat.

Hace más de una década, la red de mensajería instantánea más popular era el MSN Messenger, que luego se convirtió en el Windows Live Messenger, y actualmente evolucionó a Skype.

Este chat tenía diversas funciones para comunicarse con las personas que tenían un usuario. Una de las más recordadas eran los zumbidos que eran avisos mediante vibración y sonido para alertar a ese contacto.

Si bien no tenían mucho sentido, porque con un simple mensaje de texto la persona podía saber que le estaban hablando, eran divertidos. Los zumbidos eran una de las características que más nostalgia genera entre los jóvenes, por ello, según señala el portal Andro4all, estas "llamadas de atención" llegarían a Facebook con el hombre de "Hola".

"Hola" sería la función parecida a los zumbidos de MSN Messenger que Facebook pretende introducir para generar nostalgia entre los veinteañeros. Hace un tiempo, la aplicación intentó hacerlo con los "toques", pero al parecer no ha terminado de funcionar demasiado bien.

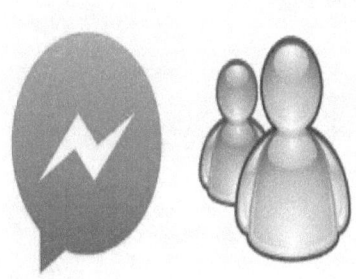

Es por ello que la red social más popular del mundo volverá a la carga con los "Hola", función que permitirá saludar a nuestros contactos. Es probable que al enviar estos saludos el teléfono vibre y suene como los viejos zumbidos.

Por el momento no se conoce cuándo llegará esta función a Facebook, sin embargo, podría ser una sensación y marcar una nueva era en la forma de comunicarte en la aplicación.

¿Cómo eliminar la publicidad intrusiva en los equipos móviles?

En la actualidad la publicidad intrusiva en los teléfonos móviles es un verdadero dolor de cabeza para los dueños de los smartphones, porque en muchos casos esas publicidades impiden poder navegar tranquilamente por el despliegue de banners.

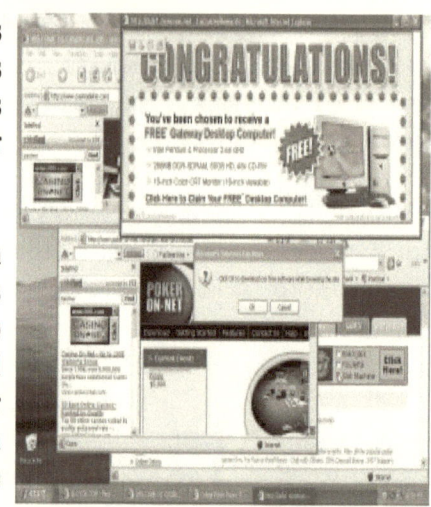

Estas publicaciones molestas y engañosas se han infiltrado en nuestras cuentas de las redes sociales, emails o cuentas configuradas en los mismos, pero descargando las aplicaciones las bloqueamos de nuestro equipo móvil estas anuncios publicitarios que no sólo te hacen perder el tiempo cerrando las ventanas que se abren, que en muchos de los casos te hacen difícil el navegar y no te queda más remedio que cerrar el explorador.

Eliminarlas.

La mejor forma para librarse de ellas es a través de aplicaciones que eliminan esa publicidad intrusiva en móviles y bloquea esos avisos que desvían la atención.

Hay muchas compañías que desarrollan apps para evitar estas molestas apariciones, por ejemplo puedes descargar-luckypatcher.com que es una app que elimina esa publicidad intrusiva en móviles.

Las grandes marcas de buscadores de internet han decidido sancionar a aquellas páginas web que posean estos anuncios tan molestos para todos.

Según Google, cerca del 15% de las páginas en el mundo tienen estas publicidades y si tomamos en cuenta los millones de sites que existen en la actualidad, es un número considerable y en muchos caso tienen una importante cantidad de visitas por tratarse de páginas de compra venta, muy conocidas a nivel mundial.

China revela el lugar donde intentará alunizar este año.

La sonda lunar Chang E 5, que China lanzará a finales del 2017, intentará alunizar en Mons Rumker, una zona situada en el cuadrante noroeste de la cara visible de la Luna, reveló el director de este programa espacial, Liu Jizhong, citado hoy por la agencia oficial Xinhua.

Mons Rumker es una zona volcánica aislada y relativamente cercana al Mare Imbrium, el lugar donde alunizó en 2013 la anterior misión china, el Chang E 3, que fue la primera de China que logró llegar a la superficie del satélite terrestre.

Liu, que participo en una conferencia internacional sobre exploración espacial en Pekín, señaló que el programa lunar que dirige, tiene especial interés en explorar el polo sur de la Luna, donde "la búsqueda de agua y la sombra permanente pueden producir grandes descubrimientos científicos".

Esa área polar puede ser el asentamiento de una futura estación científica permanente y más adelante de una "aldea lunar" habitada, subrayó el experto, quien animó a los directores de agencias espaciales de todo el mundo presentes en la conferencia a unirse a estos proyectos.

En el año 2018 China continuará sus planes de exploración lunar con el lanzamiento hacia el mes de mayo de la sonda Chang E 4, que el país intentará que se convierta en la primera de la historia en descender hasta la cara oculta de la Luna.

Amazon lanza tabletas Fire 7 y 8 con mayor potencia y mejor pantalla.

La compañía de ventas online, Amazon, renueva sus dos modelos de tabletas Fire 7 y Fire 8 HD para agregarles una mejor pantalla, un procesador más potente, un diseño más ligero y una mayor duración de la batería, saliendo a la venta este miércoles en todo el mundo.

Los nuevos modelos oscilan en Estados Unidos entre los 64,99 dólares del Fire 7 (para clientes Amazon premium 44,99 dólares) y los 94,99 dólares del Fire 8 HD (79,99 dólares para premium), señaló la compañía en un comunicado.

El modelo Fire 7, -la tableta más vendida de Amazon- se presenta en 8 y 16 gigas de almacenamiento interno, con un diseño más fino y ligero y una pantalla de 7 pulgadas que ofrece colores más intensos y texto más nítido.

El nuevo Fire HD 8 -disponible en 16 y 32 gigas- tiene una pantalla de alta definición de 8 pulgadas de 1280 x 800, con más de 1 millón de píxeles que reproduce imágenes claras y nítidas.

La batería de Fire 7 ha sido mejorada y alcanza las ocho horas, mientras que el Fire 8 HD llega a las doce.

Ambos modelos incluyen procesadores de 1,3 GHz, cámara frontal y trasera, conexión wifi más rápida y el acceso a los contenidos de Amazon Prime Video, el servicio de streaming de la compañía con el que quiere competir con Netflix o HBO, con un catálogo que cuenta con producciones propias como las premiadas series "Transparent" o "Mozart in the Jungle"

.

NUEVO FIRE 7   NUEVO FIRE HD 8

Comenzó en Japón la preventa para adquirir el primer juego Pokémon para Nintendo Switch.

Este martes las tiendas niponas comenzaron a aceptar reservas del nuevo Pokkén Tournament Deluxe (DX), el esperado primer juego de Pokémon que llegará a la consola Nintendo Switch el próximo 22 de septiembre de 2017.

Los establecimientos del país asiático lanzaron la campaña de reservas un día después de que la japonesa Nintendo desvelara el lanzamiento del juego en un Pokémon Direct, el formato online que la compañía utiliza para la presentación de sus novedades de Pokémon y que se produjo una semana antes de la celebración de la feria E3.

La E3 de Los Ángeles, que tendrá lugar a mediados del 2017, es una de las mayores convenciones de videojuegos del mundo, a la que Nintendo ha decidido este año llevar una versión previa del título y donde realizará una presentación de unos 30 minutos sobre el mismo.

Pokkén Tournament DX es la versión para Switch del juego original de lucha lanzado en las recreativas japonesas en 2015 y 2016 para Wii U, la consola de sobremesa precedente de Nintendo.

La versión Deluxe para la nueva plataforma de la nipona permitirá escoger entre un total de 21 Pokémon para combatir, cinco más que en el original, además de aprovechar las características híbridas de Switch para jugar en el televisor o en el modo tableta compartiendo los mandos laterales (Joy-Con) entre varios jugadores.

El nuevo título incluirá otras características nuevas como los combates tres contra tres y batallas online abiertas o privadas entre amigos, explicó la compañía en la presentación de unos ocho minutos.

Ponen a prueba sistema antidrones en aeropuerto de París.

En el aeropuerto París-Le Bourget, fue instalado un sistema para detectar drones a más de 5 km, el cual fue puesto a prueba en el marco del salón aeronáutico internacional de Le Bourget, cerca de la capital francesa.

Llamado "Hologarde", cuenta con tres tecnologías (radar, radiofrecuencia y video alta definición) además, posee un comando único que "permite detectar todo tipo de drones a más de 5 kilómetros de distancia", indicó el grupo ADP en un comunicado.

La compañía que diseñó este dispositivo eligió esta distancia para "anticipar y tener una reacción proporcional al tipo de intrusión".

"Una vez que el dron es detectado, una cámara le sigue en tiempo real gracias a un centro de mando disponible en computador o tabletas móviles", añadió.

El artefacto puede ser "instalado en cualquier lugar sensible" que incluye centrales nucleares, lugares de riesgo de contaminación industriales y hasta cárceles.

En esta primera prueba se medirá la capacidad del dispositivo y a partir del segundo semestre del 2017, podría ser instalado para pruebas en el aeropuerto internacional Charles de Gaulle de París.

En 2016, se registraron 1.400 incidentes con drones frente a 606 entre 2011 y 2015, señaló ADP, que cita cifras de la Agencia Europea de Seguridad Aérea (AESA).

Un ciberataque afecta a Telefónica y otras empresas españolas.

El Gobierno español confirmó que se han producido diversos ciberataques a compañías nacionales, entre ellas Telefónica, aunque no se vieron afectados ni la prestación de servicios a los usuarios ni la operatividad de redes.

Telefónica procedió a apagar las computadoras de su red corporativa como medida preventiva después de detectar problemas en un centenar de dispositivos a causa de un virus informático, y otras compañías, como Iberdrola, Vodafone e Indra, tomaron también medidas de prevención.

También como precaución, los ministerios y organismos dependientes de la Administración General del Estado decidieron la desconexión de equipos informáticos.

Según fuentes del Ministerio de Energía, Turismo y Agenda Digital, se trata sólo de una medida de precaución, ya que no ha habido ningún incidente en el caso de la Administración Central.

En un comunicado oficial, ese mismo ministerio señaló que el ataque sólo afectaba puntualmente a equipos informáticos de empleados de varias empresas y que trabajaba con las compañías perjudicadas para solucionar cuanto antes la incidencia.

Asimismo, aseguró que el ataque "no compromete la seguridad de los datos ni se trata de una fuga" de los mismos.

En cualquier caso, la Organización de Consumidores y Usuarios (OCU) recordó la necesidad de proteger los datos personales ante estos ciberataques.

El Instituto Nacional de Ciberseguridad de España (Incibe) elaboró un diagnóstico de lo ocurrido en las empresas afectadas y ofreció ayuda para solucionar los problemas, además de asesorar a otras en prevención, según el ministerio.

También indicó que los equipos de respuesta a incidentes cibernéticos nacionales están en contacto con las organizaciones afectadas, al igual que el Centro Nacional para la Protección de las Infraestructuras Críticas del Ministerio del Interior.

El Incibe explicó que la infección masiva fue provocada por un virus informático del tipo 'ransomware'. Tras instalarse en el equipo, bloquea el acceso a los ficheros y pide un rescate.

Además, advirtió que podría infectar al resto de computadoras vulnerables de la red.

El método de infección y propagación del virus se produce aprovechando una vulnerabilidad del sistema operativo Windows.

En el caso de las entidades afectadas, el que ha infectado al primer equipo ha llegado a través de un archivo adjunto descargado, que ha aprovechado la vulnerabilidad de la computadora.

El virus en cuestión es una variante de versiones anteriores de "WannaCry" que ataca especialmente a sistemas con Windows y que tras infectar y cifrar los archivos, solicita un importe para desbloquear el equipo.

El Incibe dijo que dispone de un servicio gratuito de análisis y descifrado de ficheros afectados por ciertos tipos de 'ransomware', denominado 'Servicio Antiransomware'.

Además, pidió que no se pague para recuperar los archivos, ya que "se trata de ciberdelincuentes" y no existe garantía alguna una vez efectuado el abono.

Por su parte, el Ministerio del Interior afirmó que los servicios esenciales "no se están viendo afectados".

Este ciberataque fue "indiscriminado" afectó a otros países y es "especialmente virulento" pues combina un "malware" con un sistema de propagación que utiliza una vulnerabilidad detectada en Microsoft, aseguró a EFE el director ejecutivo de S21sec, Agustín Muñoz-Grandes, una empresa española especializada en ciberseguridad.

Un tercio de las empresas españolas grandes y medianas, el 32 % concretamente, reconoce haber sufrido al menos un ataque informático en los últimos doce meses, según el International Business Report de la consultora Grant Thornton.

Ese porcentaje está un punto por encima del registrado un año antes (31 %) y al mismo nivel que la media de la Unión Europea (UE).

No obstante, el incremento de los ataques informáticos ha sido mucho más acusado en Europa, ya que han aumentado trece puntos en tan sólo un año.

La UE es la región en la que el 'cibercrimen' está más generalizado, puesto que la media en el mundo se sitúa en el 21 % (seis más que en 2015).

Después de la UE, las áreas más afectadas son África (29 %) y Norteamérica (24 %).

Sin embargo, el 46 % de las empresas europeas encuestadas rehúsa comentar el impacto concretos de los ciberataques sufridos.

España es el noveno país europeo en generación de código malicioso, una lista que encabezan Alemania y Rusia, mientras Estados Unidos, China y Brasil lideraron el ránking en 2016, según un informe de la empresa de seguridad Symantec.

Sony lanza un proyector que convierte una superficie plana en una pantalla táctil.

La compañía Sony ha anunciado el lanzamiento del Xperia Touch, un proyector interactivo capaz de convertir cualquier superficie plana en una pantalla táctil HD de 23 pulgadas. Este lanzamiento se encuadra en la existencia de una demanda en auge por parte de usuarios que no desean que la tradicional pantalla de televisión sea el eje central de su cuarto de estar y de quienes prefieren utilizar este sistema en sus lugares de vacaciones, en vez de tener una tele fija, según la compañía.

El equipo integra la tecnología de pantalla de proyección SXRD de Sony y su respuesta al tacto es posible mediante la combinación de un transmisor IR y la detección en tiempo real, a través de una cámara incorporada que funciona a una velocidad de 60 fotogramas por segundo.

En definitiva, no se trata de un proyector al uso, ya que además de proyectar la pantalla de un 'smartphone', también integra su propio sistema operativo (Android) y cuenta con memoria y almacenamiento para ejecutar aplicaciones y reproducir contenidos, a este efecto incluye un altavoz estéreo.

Xperia Touch proporciona información en tiempo real sobre el tiempo, acceso al calendario y a las notas personales, entre otras funcionalidades. La pantalla de inicio está desarrollada para el tacto y es bien visible en condiciones de luz potente como de baja luminosidad. También posee una cámara integrada de 13MP y una autonomía de una hora de reproducción continua.

El dispositivo es compatible con la función Remote Play de PlayStation 4 y además ejecuta cualquier aplicación o juego descargado de Google Play Store.

De esta forma, por ejemplo, se puede proyectar en una mesa juegos como Angry Birds o Fruit Ninja y jugarlos con los dedos en la mesa. O también proyectar una galería de imágenes y pasarlas con el dedo.

Conectividad.

Xperia Touch es un dispositivo en la categoría de Internet de las cosas (IoT, por sus siglas en inglés) que opera como centro de entretenimiento en el hogar y como soporte para otras funcionalidades: permite proyectar por ejemplo: juegos en el suelo del salón, recetas sobre la encimera de la cocina o conferencias con Skype en una pared.

El equipo cuenta con un nivel de brillo suficiente como para proyectar, con buena calidad, en interiores en tamaño de pantalla táctil hasta 23 pulgadas, a partir de aquí y hasta 80 pulgadas se convierte en un proyector normal (sin capacidad táctil). También permite su uso en exteriores, gracias a una autonomía de una hora.

Cabe destacar que cuenta con detector de movimiento, que hace que se encienda o apague si alguien se acerca o se aleja.

Mark Zuckerberg reitera que no competirá por ningún cargo público.

El creador de Facebook, Mark Zuckerberg, reiteró que no competirá por ningún cargo público, ante la insistencia de los rumores sobre sus supuestas aspiraciones presidenciales.

Como ya lo hizo al comienzo del 2017, Zuckerberg volvió a descartar que su reto de visitar este año todos los estados del país que no conocía tenga una lectura política, según recoge este lunes la prensa local.

"Algunos han preguntado si este reto significa que me voy a presentar a un cargo público. No es así, hago esto para tener una perspectiva más amplia para dar un mejor servicio a nuestra comunidad de casi 2.000 millones de personas y hacer el mejor trabajo posible para promover la igualdad de oportunidades en la Chan Zuckerberg Initiative" anotó en su perfil de Facebook.

Su objetivo en este reto, que ya despertó rumores sobre sus aspiraciones políticas es "aprender de las esperanzas y desafíos de las personas y sobre cómo piensan respecto a su trabajo y comunidades", según dijo en un mensaje publicado a última hora del domingo. EFE

Días finales del MP3 y otras 4 tecnologías que fueron innovadores.

El desarrollador del MP3, el formato de compresión de música digital que revolucionó la industria desde la década de 1990, anunció que dio fin a su programa de licencias de patentes.

"Hay códecs de audio más eficientes con funciones avanzadas disponibles hoy en día", reconoció el Instituto Fraunhofer de Circuitos Integrados (IIS).

No se trata de la muerte del MP3, al menos no por el momento, pues sigue siendo uno de los formatos más usados para la música y funciona en casi todos los reproductores de la actualidad.

Pero sí es el paso hacia otros formatos, como el propio Instituto reconoció.

Junto al MP3, formatos como el CD, el Minidisc, el DVD y el Blu-ray han visto pasar sus días de gloria como te contamos a continuación.

Lo que sigue al MP3.

"Damos las gracias a todos nuestros licenciatarios por su gran apoyo al tomar el códec de audio MP3 durante las últimas dos décadas" decía el IIS en el comunicado que daba fin a su programa de licencias.

El invento, desarrollado durante la década de 1980 pero que no fue bautizado como MP3 hasta 1995, transformó la forma en que los amantes de la música disfrutan hasta hoy en día sus canciones.

Un MP3 ocupa sólo el 10% del espacio que requiere una canción en formato de disco compacto, lo que además de ahorrar espacio, hizo que los usuarios se liberaran de los voluptuosos reproductores de CD.

"Imagina que estás en el jardín escuchando trinar a los pajaritos. De pronto, tu vecino pone a funcionar una cortadora de césped" planteaba Heinz Gerhäuser, uno de los padres del MP3, a la cadena alemana Deutsche Welle.

"Los pajaritos siguen trinando, pero ya no los oyes. Lo que el oído humano no registra, se puede eliminar del archivo de sonido", explicaba Gerhäuser sobre cómo funciona el MP3.

La aparición del MP3 llevó al desarrollo de cientos de dispositivos de reproducción que lo usaron como base, entre ellos los lectores de CD convencionales, pero también el iPod de Apple, el Sony Walkman MP3, el Microsoft Zune y el Samsung Galaxy Player.

Sin embargo, varios de estos dispositivos están en desuso, o han migrado a otros formatos, como el caso del iPod, que usa principalmente el Advanced Audio Coding (AAC), que es considerado el sucesor del MP3.

"Los únicos que decidirán sobre la 'muerte' del MP3 serán los usuarios, que podrían cambiar a formatos de audio más modernos en algún momento, como el AAC, que se incluye en casi todos los teléfonos inteligentes de hoy".

Otro invento revolucionario para la música fue el disco compacto (CD), el cual tuvo su aparición a principios de la década de 1980 y se popularizó en los 90.

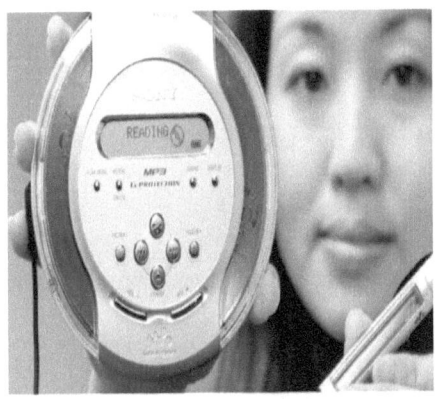

Datos de la Asociación Estadounidense de la Industria de Grabación (RIAA, por sus siglas en inglés), muestran cómo la venta de CDs cayeron desde los casi 960 millones en 2000 a unos 170 millones para 2013.

Al mismo tiempo, las descargas por internet, gracias al MP3, crecieron de manera constante hasta casi alcanzar los 1.600 millones.

Aunque esas cifras reflejan lo que pasa en grandes mercados como el de EE.UU, los CDs como las descargas MP3 desde entonces y hasta ahora tienen un gran mercado negro incalculable.

"El CD sigue siendo una parte importante del panorama de la industria de la música" dijo el vicepresidente de la RIAA, Joshua P. Friedlander, a BBC Mundo en el 2016.

"Aunque no sean ya la mayor parte del mercado, parece que seguirán siendo una parte significativa del panorama por algún tiempo", predijo.

MiniDisc.

Menos conocido, aunque en un momento prometió cambiar la forma en que se almacenaba información, el Minidisc fue un dispositivo lanzado por la japonesa Sony en 1992.

Este formato podía almacenar hasta 80 minutos de música e incluso tenía la innovadora capacidad de reescritura, lo que prometía darle una dura competencia al CD y más adelante al DVD.

Pero nunca tuvo un gran mercado más allá de Japón, además de que los usuarios tenían problemas para encontrar reproductores compatibles.

En 2013, Sony finalmente anunció que dejaría de producirlos luego de dos décadas en el mercado.

Disco Versátil Digital (DVD).

Las cintas de video VHS empezaron a salir de los estantes de las tiendas en 2004, en un momento en que el Disco Versátil Digital (DVD) ya estaba ocupando el mercado de las películas en disco digital.

Luego de 13 años, tanto los DVDs como sus reproductores están entrando en el desuso.

Una gran asociación de compañías del sector -Sony, Panasonic, Hitachi, Pioneer, Toshiba, JVC entre otras- lanzó en 1995 el DVD, que era con sus 4,7 gigabytes de almacenaje tenía una capacidad seis veces superior a la de un CD.

También fueron lanzados los que permitían la reescritura de datos y sus capacidades fueron ampliándose hasta los 17 gigabytes.

El DVD sigue siendo una opción, pero las crecientes opciones de reproducción en línea están llevando a estos discos ópticos a una suerte similar a la del CD o MP3.

Blu-ray.

La calidad de imagen que ofrece el DVD mejoró enormemente la del VHS, pero entonces apareció el Blu-ray, el disco de almacenamiento óptico de alta definición.

El disco Blu-ray es reproducido mediante un láser azul (de ahí su nombre en inglés, "rayo azul") que mejora el desempeño de lectura. También permite almacenar más información, de 25 a 50 gigabytes, dependiendo el modelo del disco.

Fue lanzado en 2002 por otra asociación de una veintena de compañías tecnológicas y además de ser empleado para la distribución de películas, también ha sido usado en videojuegos. No obstante, ya desde 2014, Sony y Panasonic le dieron un nuevo enfoque al futuro de estos discos en un esfuerzo por mantener su vigencia.

Las compañías tienen un proyecto para desarrollar lo que han llamado Archival Disc, o disco de archivo, con la intención de que llegue a almacenar 1 terabyte de información.

¿Por qué seguir con los discos, si hay almacenamiento virtual en internet?

Para el analista Paul O'Donovan, de la firma de consultoría tecnológica Gartner, son un medio crucial de información ya que almacenados apropiadamente no corren ningún riesgo de ataque informático.

"Si quieres entregar tus fotos a tus nietos vas a necesitar algún lugar para guardarlo todo", dijo O'Donovan a la BBC. "Los servidores de la nube tienen que almacenar grandes cantidades de datos y tienen que ser capaces de mantenerlos durante mucho tiempo. Si no, estamos en problemas".

Apple presenta el nuevo iPad Pro.

El gigante tecnológico estadounidense Apple presentó el nuevo iPad Pro, con pantalla de 10,5 pulgadas, un tamaño intermedio entre las dos versiones previas, de 9,7 y 12,9 pulgadas.

El nuevo dispositivo, que pesa 454 gramos y tiene una batería de 10 horas, contará con un procesador A10X que hará que el desempeño de los gráficos sea un 40 por más rápido. Su precio en el mercado, adonde llegará la próxima semana, es de 649 dólares.

El iPad Pro tendrá la cámara del iPhone 7 y una pantalla con mayor paleta de color y brillo, capaz de manejar vídeo HDR. Además, cuenta con la función ProMotion, que permitirá actualizar los contenidos 120 veces por segundo. Este anuncio se realizó durante la conferencia anual de desarrolladores de Apple, que se celebra por primera vez en casi 15 años en el McEnery Convention Center en San José (sureste de San Francisco), en vez de en el tradicional Moscone West Convention Center, de San Francisco.

Blue Cave: El router que soporta más dispositivos conectados a la vez.

La compañía de hardware "Asus" presentó su nuevo router, Blue Cave, un dispositivo que difiere del aspecto general que suelen tener estos equipos debido al hueco que presenta en el centro con bordes azules, aunque desde la empresa taiwanesa aseguran que el diseño no es lo único innovador en este aparato.

El Blue Cave es el router "que más dispositivos conectados soporta a la vez", según comunicó la compañía en su presentación de la Computex 2017, feria tecnológica que se celebra en Taipei.

El agujero central del router tiene gran parte de responsabilidad en esta simultaneidad, pues separa las antenas -integradas en la parte superior- de la placa base de Intel, situada en la parte inferior, lo que garantiza una buena recepción de señal.

El Blue Cave se ha desarrollado a través de un dispositivo AC2600 de doble banda WiFi, lo que permitirá al usuario jugar online sin retardo, reproducir vídeos de 4K HD y descargar archivos de forma rápida, según asegura la marca china.

El novedoso invento también incorporará el sistema de seguridad AiProtection, una plataforma desarrollada por TrendMicro que es capaz de proteger de posibles ataques a todos los dispositivos conectados a la red.

Los usuarios también podrán monitorear y gestionar el uso del router a través de un teléfono móvil conectado con Family Overview, que permite controlar el uso de Internet y «apps» de cada uno de los miembros de la familia.

También permite controlar la actividad de la red y ver los informes de seguridad desde su «smartphone» o tableta. Asus ha confirmado que su nuevo dispositivo saldrá al mercado por un precio de salida de 180 dólares, aunque no ha aclarado la fecha exacta en la que estará disponible para su venta.

Feria informática de Asia presentó lo último en inteligencia artificial.

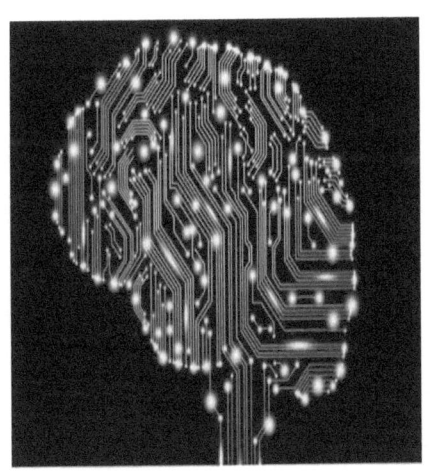

Computex Taipei 2017, la mayor feria informática de Asia, pionera en campos como el internet de las cosas, presenta en el 2017, lo último en robótica e inteligencia artificial con la creación de una nueva sección dedicada a este campo.

En esta edición inaugurada este martes, participan más de mil 600 empresas procedentes de 30 países, con más de 5 mil casetas y se esperan más de 50 mil visitantes de 178 naciones, señaló el presidente del Consejo de Desarrollo del Comercio Exterior de Taiwán (Taitra) Walter Yeh.

La feria, coorganizada por el Taitra y la Asociación de Ordenadores de Taipei (AOT), presenta como novedad una sección de robótica e inteligencia artificial, pero también incluye otra para empresas emergentes ("startups"), aplicaciones de internet de las cosas, soluciones para empresas, juegos y realidad virtual, dijo el Secretario General Adjunto de la AOT, Li Chang.

Además de las empresas líderes en informática y robótica, tales como Intel, Microsoft, Apple, Dell, ARM, Foxconn y el fabricante automotriz Tesla; Computex 2017, cuenta con la participación de 217 empresas emergentes de todo el mundo.

Una de estas compañías, Lai Yang Tecnología, presentó su robot Robelf, especializado en el cuidado de ancianos y niños, y que responde a las necesidades de la familia promedio de Taiwán, según fuentes de la empresa.

La feria además incluye importantes foros sobre tecnología informática y una exposición sobre este sector, que estará abierta al público a mitad del 2017, en el Centro del Comercio Mundial de Taipei, la Sala de Exposiciones de Nangang y el Centro Internacional de Convenciones de Taipei.

Cómo tener una señal óptima de WIFI en cinco sencillos pasos.

El internet se ha vuelto tan imprescindible en la actualidad que cuando el plan de datos se agota, se hace urgente tener un router en casa y además garantizar que la señal sea del WIFI sea la más eficaz para estar comunicados.

A veces pasa que desde el punto donde está ubicado el router en el hogar no proporciona señal en toda el área. Por eso es necesario tomar en cuenta estos sencillos pasos para mejorar la señal de este dispositivo.

Cuida la ubicación del router.

La posición del router influye mucho en la señal y si se coloca en un sitio poco acertado es muy posible que la cobertura no llegue bien a toda la casa. Por lo tanto, lo recomendado es colocar el router en el centro exacto del hogar o lo más cerca posible para que la señal se reparta bien por la casa, como en el centro del domicilio.

Coloca correctamente las antenas.

Si se quiere optimizar la señal no es recomendable poner las dos antenas hacia arriba, lo ideal es colocar las antenas en perpendicular, una en horizontal y la otra en vertical.

Las antenas tienen que dibujar un ángulo de 90 grados entre ellas. Con este truco no se garantiza que el WiFi sea más rápido, pero ayuda a que mejore la cobertura en nuestros dispositivos y que no sufran tanto cuando están algo alejados del router.

El firmware del router siempre actualizado.

El firmware es un programa interno de los dispositivos que controla el funcionamiento de sus circuitos, una especie de instrucciones que tienen alojadas en sus almacenamientos internos. De vez en cuando, los fabricantes lanzan actualizaciones del firmware para mejorar algunas de las prestaciones de sus dispositivos.

Por lo tanto, es importante asegurarse de que el firmware del router esté siempre actualizado. Algunos routers lo hacen de forma automática para que no tengas que estar pendiente. Estos se puede revisar a través de un manual o desde la página de administración dl router, utilizando las IP 192.168.1.1 y 192.168.0.1.

Localiza los canales menos saturados.

En la página de administración del router muchas veces, aunque no siempre en la misma página donde se cambia valores básicos como nombre del SSID, hay otra opción llamada Control Channel.

Sirve para elegir uno de los 13 canales en los que puede operar el router. Por lo general estará configurado para elegir automáticamente el canal menos congestionado, pero este es un modo auto que no siempre es del todo fiable.

Los routers WiFi europeos utilizan canales que van del 1 al 13, que operan entre los 2.401 y 2.483 MHz. Esto quiere decir que si se vive en una comunidad de vecinos, es posible que pueda haber varios routers operando en el mismo canal y que sus señales estén interfiriendo con la del usuario restándole algo de alcance.

Si todo falla, piensa en un PLC.

Si ninguno de estos consejos es suficiente siempre quedará la opción de utilizar unos PLC. Se trata de unos dispositivos que llevan la señal del router a cualquier zona donde se enchufe mediante la red eléctrica del hogar y crean allí un nuevo punto WiFi al que conectarte.

143

Depende de las necesidades hay una infinidad de modelos de varios fabricantes, sólo falta encontrar uno que se ajuste al usuario.

El robot español que protege a las personas en Dubai.

La Policía de Dubai tiene un nuevo integrante hecho de acero y sistemas informáticos. Se trata de un robocop, un humanoide fabricado por la empresa española Pal Robotics, que esta semana empezó a patrullar los centros comerciales y puntos turísticos de la capital de los Emiratos Árabes.

El modelo REEM, creado en 2011 por la compañía catalana, mide 1,67 metros, pesa 99 kilos y cuenta con una pantalla táctil incrustada en su pecho, a través de la cual los ciudadanos podrán obtener información, denunciar delitos, pagar multas o contactar con diferentes comisarías de la ciudad. Su tecnología de reconocimiento facial tiene una precisión "del 80%", informó el Departamento de Policía de Dubai, pero las cámaras de los ojos del robot enviarán vídeos en streaming a las unidades de agentes de carne y hueso.

Este es el primer paso del plan para que los robots representen el 25% de la fuerza policial de la ciudad hasta 2030. "Actualmente, la mayoría de las personas van a las comisarías, pero con esa herramienta podemos atenderlas de manera más eficiente las 24 horas todos los días", afirma en un comunicado Khalid Al Razooqui, director del Departamento de Servicios Inteligentes de la Policía.

"El robot va a proteger a los ciudadanos de la delincuencia, porque puede transmitir lo que está sucediendo de inmediato a nuestro centro de mando y control" -añade-. Nueve idiomas, como inglés, español, francés y chino, serán añadidos al vocabulario del robocop.

Una cosa que el robot no hará es portar armas. "Esa es una línea roja muy grande", comentó en una conversación telefónica Carlos Vivas, director de negocios de Pal Robotics.

Vivas explicó que, aunque los clientes pueden programar los REEM según sus necesidades, no hay ninguna funcionalidad que permita que el robot haga daño a un ser humano.

Esa es la primera ley de la robótica, una creación ficticia del escritor Isaac Asimov que tiene aplicación en el mundo real. Pal Robotics, afirma Vivas, está "muy en contra de la robótica militar".

El directivo manifestó que la empresa (cuyos robots también están en museos del Reino Unido y en bancos y universidades de Australia) ha recibido muchas peticiones en ese sentido. "No queremos ir en esa dirección, aunque es el mercado más inmediato", dijo.

La Policía de Dubái prefiere no correr riesgos, de momento. Al Razooqui confirma, sin embargo, que el siguiente lote de robots será utilizado para combatir delitos. Los planes para los próximos dos años incluyen la integración del "robot más grande del mundo", con tres metros de altura, que llevará "equipo pesado" y podrá correr a 80 kilómetros por hora.

Un robot en forma de huevo emitirá advertencias sobre violaciones de tráficos en los aparcamientos y también se podrían utilizar motocicletas y coches autónomas para emitir alertas y multas por conducción peligrosa.

El jefe del departamento de Servicios Inteligentes señala que las unidades de robots no suponen una amenaza a los puestos de trabajo. "No vamos a despedir a nuestros agentes para reemplazarlos por esa herramienta, pero con cada vez más gente en Dubai, queremos reubicarlos para que trabajen en las áreas adecuadas y se pueden concentrar en mantener la ciudad segura", dice en el comunicado.

Llega The Frame, el 'televisor cuadro' de Samsung.

Desde la perspectiva de Samsung, el mercado está maduro para lanzar un nuevo tipo de televisión, sobre todo en Catalunya, donde hay un consumidor exigente e inquieto que valora las propuestas más innovadoras en el segmento de imagen. Es por ello que la firma coreana acaba de presentar su nueva familia de producto denominada The Frame, un televisor decorativo que se convierte en cuadro cuando está apagado y que ofrece las ventajas de una impresionante calidad de imagen (Ultra Alta Definición) e hiperconectividad, lo que hace posible personalizar los contenidos.

Las oportunidades que brinda el mercado se centran en la capacidad de renovación, no sólo de los 27 millones de televisores que hay en España y que no son 'Smart TV', sino de los cuatro millones de teles de tubo que todavía están en funcionamiento.

Estas oportunidades son, si cabe, mejores en Catalunya, en donde se produce el 15% del total de ventas de todo el territorio español y donde el precio medio del televisor asciende a 800 euros, frente a los 500 del resto de España.

Una tele, un cuadro.

Desde mediados del 2017, los consumidores pueden adquirir en los comercios habituales la nueva familia de televisión Samsung The Frame, compuesta de momento por dos modelos, uno de 55 pulgadas que tiene un precio de unos 2,000 euros y otro de 65 pulgadas, cuyo precio es de 3.000 euros.

El diferencial de la gama es que combina las funciones de un televisor avanzado con la estética de un objeto decorativo: es una tele, pero parece un cuadro.

El equipo es fruto de la colaboración de la firma coreana con el reconocido diseñador industrial Yves Behar, que ha dado al aparato un nuevo uso: cuando está apagado no mostrará la clásica pantalla en negro sino que podrán verse distintas piezas de arte o fotografías, incluso las tomadas por el usuario.

En la galería digital, integrada en la memoria de la tele, hay más de 100 piezas artísticas (de 38 artistas y fotógrafos clasificadas en diferentes categorías, e incluyendo temas de paisajes, arquitectura y fauna, acción o dibujo). Cada una de las obras de estos artistas se ha convertido al formato digital con un escaneado de alta precisión que conserva todo su realismo y belleza. También se pueden utilizar fotos subidas por los usuarios. Las composiciones se pueden personalizar y añadir filtros de color, a través de una app que se puede manejar desde el móvil.

En definitiva, cuando el equipo está encendido ofrece una calidad de imagen en ultra alta definición (UHD o 4k) y cuando está apagado se transforma en una obra de arte personalizable.

Otros elementos de diseño que caracterizan a The Frame son su marco personalizable –disponible en color blanco, beige– y el soporte Studio opcional, que simula un caballete y sirve como complemento decorativo para los salones y salas de estar. The Frame está además equipado con la nueva conexión casi invisible (cable óptico transparente) que elimina el habitual problema de acumulación de cables alrededor del televisor y el montaje en pared denominado No Gap, para que el televisor quede colgado a la pared como si se tratase de una obra de arte.

Características.

The Frame cuenta también con innovadoras características técnicas que lo hacen muy interesante. Es, por ejemplo, la primera pantalla con calidad de imagen UHD con sensores que se adaptan al entorno.

El modo Art es capaz de detectar la luminosidad natural de la sala y adaptarse a ella. Hasta el punto que si se pone en modo fijo (con una sola imagen) no se distinguirá entre otros cuadros reales.

Para un uso energético eficiente, estos sensores detectarán el movimiento de la habitación y apagarán la pantalla si no hay nadie. Asimismo, en caso de detectarse movimiento se activará de forma automática. Estos mismos sensores también son capaces de detectar la iluminación del salón, de manera que se variará la luz de fondo de la pantalla, ajustándose el color y brillo del contenido. Así, la pieza artística será lo más real posible.

Cristiano Ronaldo será portada del videojuego FIFA 18.

El jugador portugués del Real Madrid Cristiano Ronaldo protagonizará la portada de la próxima edición del popular videojuego de fútbol FIFA, anunció recientemente la compañía Electronic Arts, desarrolladora del título.

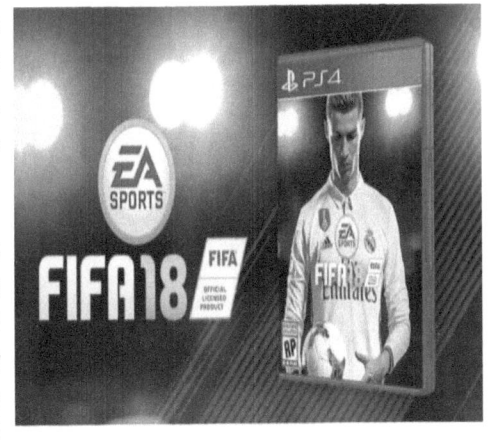

El internacional luso aseguró en un comunicado que es una "gran sensación haber sido el elegido" y que está "agradecido" por aparecer en la PORTADA del FIFA 18 y convertirse de esa manera en embajador global de la saga futbolística superventas, que cumple 25 años y publicará su nueva entrega el último semestre de 2017, en consolas como PS4, Xbox One y por primera vez, Nintendo Switch.

Cristiano consiguió su cuarta Liga de Campeones, la tercera con el Real Madrid, después de que el conjunto blanco ganase la final ante la Juventus de Turín en Cardiff (Gales) por 4-1, título al que se suma la liga española con la que se alzó hace poco.

En 2016, se consagró campeón de Europa con su selección, Portugal, poco después de conseguir también su tercera Champions League.

A pesar de la laureada trayectoria del cuatro veces ganador del Balón de Oro, el FIFA 18 será el primer videojuego de FIFA que tenga al madeirense en una de las portadas más codiciadas del mundo virtual, que por mucho tiempo perteneció a su máximo rival, el argentino Leo Messi.

Leo Messi ocupó la portada del videojuego desde 2013 y hasta 2016, pero en 2017, el futbolista del Barcelona se pasó con sus compañeros de equipo a la portada del PRO Evolution Soccer saga, que en el pasado también protagonizó Cristiano.

Cristiano Ronaldo es el tercer jugador del Real Madrid en salir en la portada mundial del FIFA después de los brasileños Roberto Carlos (2003) y Kaká (2011) aunque otros madridistas como Raúl, Benzema, Xabi Alonso o Higuaín aparecieron en la edición española del juego.

Además, es la primera vez que EA Sports FIFA elige a un futbolista portugués como imagen mundial.

Según el comunicado de Electronic Arts, el futbolista de 32 años realizó "recientemente" una sesión de entrenamiento en el estudio EA Capture de Madrid, lugar en el que se analizaron su aceleración, carrera, habilidades y técnica de disparo.

De esa manera, los responsables de FIFA 18 afirmaron que se garantiza "veracidad con sus gustos y su personalidad" en el futuro videojuego.

La SNES Mini llegará a España el 29 de septiembre con 21 juegos clásicos instalados.

Nintendo conmemorará los 25 años desde la llegada a España de SNES con el lanzamiento de una nueva versión de esta clásica consola, que estará a la venta en las tiendas españolas a partir del 29 de septiembre 2017. Bajo el nombre completo de Nintendo Classic Mini: Super Nintendo Entertainment System, el dispositivo tendrá preinstalados 21 juegos clásicos de la compañía japonesa.

Esta consola será una versión reducida del modelo original de 16 bits, hasta el punto de que cabe en la palma de la mano, ha destacado Nintendo España en un comunicado. SNES Mini incluirá en el pack un cable HDMI, un cable de alimentación USB y dos mandos con cable Super NES Classic Controller para disfrutar de partidas de dos jugadores.

20 juegos clásicos y un título inédito.

En el catálogo de 21 juegos incluidos en esta reedición de SNES destaca la presencia de «Star Fox 2», una

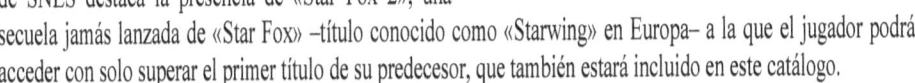

secuela jamás lanzada de «Star Fox» –título conocido como «Starwing» en Europa– a la que el jugador podrá acceder con solo superar el primer título de su predecesor, que también estará incluido en este catálogo.

En concreto, la lista de 21 juegos que incluirá SNES Mini está formada por «Contra III: The Alien Wars», «Donkey Kong Country», «EarthBound», «Final Fantasy III», «F-ZERO», «Kirby Super Star», «Kirby's Dream Course», «The Legend of Zelda: A Link to the Past», «Mega Man X», «Secret of Mana», «Star Fox», «Star Fox 2», «Street Fighter II Turbo: Hyper Fighting», «Super Castlevania IV», «Super Ghouls 'n Ghosts», «Super Mario Kart», «Super Mario RPG: Legend of the Seven Stars», «Super Mario World», «Super Metroid», «Super Punch-Out!!» y «Yoshi's Island».

El anuncio oficial de SNES Mini ha llegado horas después de la aparición de varios rumores por internet relativos a un posible lanzamiento en la segunda mitad de 2017. Este nuevo «remake» sucede también a NES Mini, que se agotó rápidamente tras haber vendido 1,5 millones de unidades.

Así es como Google Maps sabe si hay un atasco en tu ruta.

Muchos conductores llevan instalado un navegador GPS en su vehículo, un dispositivo realmente útil para aquellos que necesitan con frecuencia circular por carreteras que no conocen. Pero no son menos los que directamente emplean su smartphone con el mismo objetivo. Con aplicaciones como Google Maps es sencillo ir de un lugar a otro sin perderse, incluso evitando peajes si así lo preferimos. Otra de sus características destacables es su capacidad para informarnos sobre el tráfico en tiempo real. ¿Cómo obtiene Google estos datos?

El blog Mental Floss nos ofrece las respuestas para este asunto. Es una cuestión de lógica, aunque eso no quita que la cosa tenga su punto espeluznante. Porque lo cierto es que quien aporta la información sobre los atascos, las retenciones e incluso los accidentes en cada carretera del mundo son... los propios usuarios. Si utilizas habitualmente Google Maps, también tú estás contribuyendo, probablemente sin saberlo, a crear esa gran fuente de conocimiento que millones de personas aprovechan a diario.

Si has instalado Google Maps en tu smartphone Android o iOS y además tienes activados los servicios de ubicación, debes saber que la app envía constantemente informes anónimos en tiempo real a Google. En cada kilómetro de carretera puede haber un montón de automóviles con usuarios que funcionan como fuente de información, de modo que la compañía californiana tiene todo lo que necesita para realizar estimaciones sobre la cantidad de coches que hay en cada lugar y la velocidad a la que se están moviendo.

Google completa de varias maneras los datos que nuestros móviles envían. De hecho, algunas de ellas eran su recurso principal antes de que casi todo el mundo llevase encima un smartphone en todo momento. Por ejemplo, contratando agencias privadas capaces de recopilar información muy precisa sobre tráfico; o utilizando los sensores que algunas empresas de transporte tienen instalados en las carreteras. Por otro lado, cuenta con los informes procedentes de Waze, «app» especializada en tráfico que Google adquirió en 2013.

Por supuesto, los de Mountain View también mantienen registros sobre los patrones de circulación en muchísimas carreteras, tomando buena nota de las horas a las que suelen ser más transitadas. Todo para poder decirnos en tiempo récord cuál es la ruta más rápida hacia nuestro destino, evitando los desesperantes atascos. No es la única función atractiva de Google Maps: desde hace poco, la «app» también está preparada para recordarte dónde has aparcado tu coche.

WhatsApp hace oficial la función más esperada desde hace tiempo.

Cinco minutos. Tan sólo cinco, que en más de una ocasión puede ser toda una vida. Es el tiempo destinado a anular un mensaje que ha activado. Tras meses de especulaciones, WhatsApp la aplicación de mensajería, ha anunciado una función llamada «Anular», que permitirá a sus más de 1.200 millones de usuarios cancelar el envío de un mensaje a un chat en grupo o individual. Llegará en la próxima actualización.

El mandar por error unas palabras equivocadas a un destinatario era una de las características más demandadas desde hace tiempo por parte de la comunidad de usuarios. Según ha confirmado la compañía tecnológica, filial de Facebook, en su página web oficial, para que los mensajes se anulen con éxito, tanto el usuario emisor como el destinatario del mensaje deben estar utilizando la última versión de la aplicación para los sistemas operativos Android, iOS (iPhone) o Windows Phone, aunque todavía no se ha extendido entre todos los usuarios.

Desde la «app» señalan, sin embargo, que «puede que los destinatarios vean el mensaje antes» de que se anule o, también, si el mensaje no se anuló con éxito. De hecho, la idea es que no se reciba ninguna notificación si el mensaje no se anuló con éxito. Esta función ya se encuentra en otros servicios digitales como el gestor de correo Gmail. Con ello, muchos usuarios de WhatsApp podrán salir de algún que otro aprieto.

Un aspecto controvertido.

Hasta ahora, sí se podía eliminar el mensaje enviado. Sin embargo, en realidad, no se borraba del todo, sino que simplemente desaparecía de tu terminal y el receptor recibía igualmente el mensaje. Es decir, se trata de una opción nada útil que ahora va a evolucionar y permitirá, al fin, tener una forma de subsanar los errores que tan habitualmente se cometen.

El mecanismo para poder utilizarlo es sencillo: en Android hay que mantener presionado el mensaje para seleccionarlo, tocar el botón de menú en la parte superior del chat y darle a «Anular». En el resto de sistemas, en iPhone y Windows Phone, es necesario mantener presionado el mensaje para seleccionarlo y tocar «Anular». Los mensajes que se hayan anulado con éxito también desaparecerán de los chats de tus contactos. Si en un chat se ve «Este mensaje fue anulado» significa que la persona que lo envió anuló el mensaje.

Este es precisamente uno de los puntos más controvertidos puesto que si el receptor ve que un mensaje se ha eliminado puede sospechar por la naturaleza o el contenido del mismo, pudiendo generar incluso disputas entre parejas o amigos.

El Comecocos, videojuego «dañino» para la juventud turca.

El Ministerio de Deportes y la Juventud prepara un informe en el que califica de «dañinos» a diversos videojuegos muy populares en Turquía y en el resto del mundo, como es el caso del Comecocos, Guitar Hero o Call of Duty.

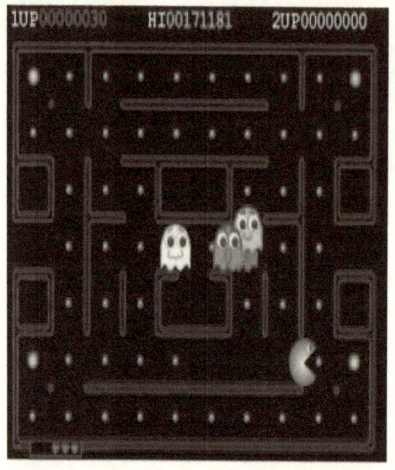

Según la información publicada por el diario Milliyet, estos juegos poseen «contenido que puede dañar a la juventud» al mismo tiempo que también incluyen «islamofobia, uso de drogas, pornografía y violencia».

Play Video.

El caso del videojuego del Comecocos, el clásico de las máquinas recreativas conocido también como Pac-Man, es sin duda el más curioso debido a la razón del Gobierno para calificarlo como inapropiado para los turcos.

La página web 'Oyunlarda Islamofobi' (islamofobia en los juegos), un proyecto del ministerio de Deportes y Juventud destinado a señalar todos los contenidos que ellos consideren ofensivos para la fe musulmana, asegura que el protagonista del Comecocos en vez de fantasmas «persigue mujeres musulmanes con velo». «Las mujeres musulmanas son representadas como vírgenes para ser atacadas», finaliza la descripción.

El portal digital cataloga también como «islamófobos» otros videojuegos tan famosos como Guitar Hero III, Resident Evil, Call of Duty, Counter Strike o Tekken. La lista también añade otros con títulos más directos contra el Islam como Muslim Massacre [Masacre Musulmana] o Bomb Gaza [Bombardea Gaza].

El Gobierno del islamista Partido de la Justicia y el Desarrollo (AKP) ha puesto el foco sobre el mundo de los videojuegos, un sector que según cifras oficiales mueve 535 millones de euros anuales en el país eurasiático, donde cerca de 25 millones de personas (más de un cuarto de la población) se dedican a jugar cada día un total de 39 millones de horas.

El ejecutivo turco quiere en concreto potenciar los desarrolladores locales, para crear videojuegos desde un punto de vista más acorde a su visión.

«El objetivo [de muchos juegos] es dar a las personas una percepción negativa del Islam», ha asegurado en sede parlamentaria Huzeyfe Yilmaz, responsable de la comisión de Educación, Cultura e Investigación, dependiente del Ministerio de Educación. «A menudo el jugador es colocado en el rol de un soldado y ganan puntos al matar a musulmanes, quienes son mostrados como terroristas».

Por ello el ministerio de Educación está intentando no sólo «concienciar de este asunto a familias, jóvenes, maestros y estudiantes», sino también «aumentar el desarrollo [y aprobación] de más juegos», según ha añadido.

Facebook Messenger introduce nuevos filtros y máscaras en sus videollamadas.

La aplicación de mensajería Facebook Messenger ha actualizado las videollamadas desde la aplicación, ampliando la oferta de filtros y máscaras que los usuarios pueden activar en tiempo real durante las llamadas así como permitiendo efectuar capturas de pantalla de las mismas.

A través de cinco «emojis» de las reacciones (el corazón, «me divierte», «me asombra», «me entristece» y «me enfada»), Messenger permite introducir animaciones con las que expresar el estado de ánimo del usuario. Estos filtros reaccionan de forma distinta en función de si el rostro está encuadrado o no en la imagen, según ha explicado Facebook a través de un comunicado.

Además de estos emoticones, Messenger ha incluido también varios filtros que modifican el color de la imagen, desde unos que resaltan los colores hasta otros en blanco y negro o en tonos rojos y también nuevas máscaras similares a las de otras aplicaciones como Snapchat, que convierten a sus personajes en animales y que incluyen diversas animaciones. Estos filtros y máscaras pueden ser probados por los usuarios durante la propia llamada. De esta manera, es posible previsualizarlos en la pantalla antes de que la imagen filtrada se muestre en el dispositivo del interlocutor.

Facebook Messenger, que ya disponía de máscaras y filtros en versiones anteriores de su software para «smartphones» ha añadido los nuevos diseños con el objetivo de hacer la aplicación «más divertida» y para que los usuarios «puedan expresar sus emociones» según explicó la red social.

Una función que no estaba incluida anteriormente en la aplicación de Messenger y que se ha incorporado con la nueva actualización son las capturas de pantalla. A través de un icono de una cámara en la propia interfaz de las llamadas, es posible realizar capturas tanto en 'chats' individuales como grupales.

La inteligencia artificial y la salud: un mercado en auge.

Los avances tecnológicos también tienen su impacto (y encaje) en los avances médicos. Es más, la gran mayoría de ocasiones lo segundo ha dependido directa o indirectamente de lo primero. Pero ante la montaña de datos personales que manejamos hoy en día y el auge de los sistemas informáticos basados en inteligencia artificial cabría esperar un cambio importante en los próximos años.

«¿Y si el médico de mañana es un programa de computación?», se preguntan desde AFP. Y pueden acertar porque el negocio de sistemas «inteligentes» han empezado a trastocar al sector de la salud. Ambos, juntos y no revueltos, están en auge, sobre todo por el impulso de empresas y «startups» de Silicon Valley, la cuna de la tecnología. Como es el caso de los llamados «chatbots» - programas automáticos que establecen un lenguaje natural- puede que desempeñen un papel clave en el futuro como métodos de comunicación entre paciente-médico.

La inteligencia artificial se está moviendo rápidamente hacia el mundo de la medicina. Según las previsiones de la consultora Frost and Sullivan, el negocio de sistemas médicos inteligentes moverán en 2021 más de 6.600 millones de dólares (5.900 millones de euros) frente a los 634 millones de dólares (567 millones de euros) que se registraron en 2014. Los expertos apuntan a una razón; el desarrollo y popularización de los dispositivos móviles.

Entre los principales desafíos que debe afrontar la tecnología en el campo médico, se encuentran mejorar los prediagnósticos médicos, el seguimiento en tiempo real de patologías, la automatización de algunos procesos o la atención más eficiente. De forma que todo lo que ha venido a englobarse en el término eHealth debe formar parte de una estrategia transversal en la que todo sume y no reste.

Un estudio de la Universidad de California pone de manifiesto que la precisión de dispositivos «wearables» tipo Apple Watch pueden ayudar a detectar latidos anormales gracias a sus sensores integrados y sus pulsómetros. Una oportunidad para obtener datos de primera mano y atender una enfermedad en las primeras fases. Las redes sociales reflejan algunos aspectos de la vida de las personas incluso algunos más íntimos. También investigadores de la Universidad de Nottingham de Gran Bretaña crearon hace un año un algoritmo capaz de predecir ataques cardíacos mejor incluso que los médicos que utilizan pautas convencionales.

Investigadores de las universidades de Harvard y Vermont han desarrollado un sistema informático basado en algoritmos capaces de identificar casos de depresión mediante el análisis de las imágenes publicadas en Instagram. Parte, de algunos parámetros y estudios cromáticos que establecen que los colores azul, gris o negro transmiten pesimismo. De tal forma que las personas bajo el influjo de la depresión son más propensas a aplicar filtros de estas tonalidades. La inteligencia artificial también puede ayudar a predecir la depresión y otros trastornos psicológicos. Según la investigadora Jessica Ribeiro, de la Universidad de Florida, puede diagnosticar casos con un 80% a 90% de precisión y con ello, anticiparse ante posibles suicidios futuros.

Alphabet, empresa matriz que dirige otras firmas como Google, también es otro gigante que ha dado muestra de interés en el campo médico. A través de su división Deep Mind utiliza la inteligencia artificial para dotarle a los médicos de herramientas útiles para poder evaluar las posibilidades de extensión de un cáncer, así como averiguar el tipo de tratamiento que mejor le convenga al paciente. Son algunos ejemplos a los que también han empezado a trabajar otras empresas tecnológicas como IBM, Intel o, incluso, Microsoft.

Porque no sólo los datos médicos están aún sin explotar a través de técnicas de análisis Big Data, aunque conlleva algunas limitaciones por cuestiones de protección de datos. Pero hay mucho más que la tecnología puede hacer. El empleo de la robótica y exoesqueletos es también muy prometedor para, entre otras cosas, terapias físicas y rehabilitación.

Rendimiento de sobra.

Aunque en esta generación se han introducido pocos cambios, Microsoft sí ha decidido subir su apuesta en sus características internas, incluyendo una versión con los procesadores de Intel más potentes, que según sus métricas internas, alcanza un 20% más de potencia. La batería aguanta bastante bien a pleno rendimiento, llegando a las diez horas fácilmente pero no del todo las trece horas prometidas.

Dado la integración del sistema operativo Windows 10 Pro, el usuario tiene a su alcance un mecanismo para regular el consumo de energía. Un modo de energía que sirve para extender la autonomía a medida que se vacía, pero se sacrifica con ello su rendimiento. Se defiende muy bien tanto en la multitarea como en los videojuegos. Probándolo por ejemplo, con el juego de lucha «Killer Instinct» no se producía ningún tipo de ralentización.

También se mantiene la pantalla táctil, de 12.3 pulgadas con resolución de 2.736 x 1.824 píxeles. Unas dimensiones perfectas para trabajar pero escasas en la práctica de otras tareas como el diseño o el ocio electrónico. El resultado del visionado es asombroso. En ese sentido son pocos los aspectos negativos que se pueden sacar. Colores intensos, imágenes muy brillantes y una iluminación bien definida son sus principales atributos.

Ficha técnica:

Pantalla12.3 pulgadas, resolución 2.736 x 1.824 píxeles, dimensiones 292 x 201 x 8.5 mm, peso 770 gramos, chip Intel i5, RAM4 GB, Batería13 horas, SO Windows 10.

El tamaño y el empleo de materiales de metal, con todo, hace mella en su transportabilidad, alcanzando los 770 gramos de peso, aunque muy alejados todavía de superar el kilogramo de algunos portátiles convencionales. Eso sí, es muy probable que se quede pequeña la pantalla si se aborda como un portátil, pero se agradece si se percibe más bien como tableta. Está "ahí ahí". Tiene un elemento, por cierto, que es seña de identidad de la marca y que resulta muy práctico. Es su soporte trasero, que una vez desplegado en varias posiciones, permite clavar el dispositivo desde una perspectiva vertical. Gracias a ello se facilita tremendamente el trabajo de oficina.

Esta tableta computador incorpora un puerto USB 3.0, salida para auriculares y un útil lector de tarjetas microSD. Otro aspecto a tener en cuenta es su lápiz óptico, que también se vende por separado, que permite ampliar algunas funciones. Mejora algunas tareas como la toma de anotaciones a mano o la realización de bocetos. Como el equipo es tan fino (8.5 milímetros) este accesorio no se puede guardar en su interior. Ante este problema, el bolígrafo digital dispone de un sistema de imanes que se ancla a los laterales del marco de la pantalla fácilmente. Es muy preciso y en este caso, reconoce hasta 4.096 puntos de presión y diferentes niveles de inclinación.

Desafortunadamente, la experiencia con el equipo se desluce sin el empleo de la funda- teclado magnético, que al igual que el lápiz óptico, se vende por separado. Y no es precisamente asequible, ya que cuesta unos 179 euros. Tampoco favorece el hecho de que dispone de un único puerto USB, que por cierto no es USB-C ya implantado y extendido en la industria. Eso ya el año que viene. Otro aspecto negativo vuelve a ser su sistema de audio, de escasa potencia y una calidad sonora por debajo de lo esperado.

Facebook negocia con Hollywood para producir programas propios.

Facebook mantiene conversaciones con Hollywood con el objetivo de producir programas de televisión de calidad para la red social, con una programación que podría presentarse a finales de verano, según informa el medio «Wall Street Journal».

El citado medio asegura —citando a fuentes conocedoras del asunto— que la red social está dispuesta a invertir alrededor de 3 millones de dólares por episodio.

Facebook espera dirigirse a un público de entre los 13 y 34 años, con una especial atención en las personas de entre 17 y 30. Sin embargo, la multinacional no se ha pronunciado al respecto.

En principio, se supone que Facebook presentará sus episodios de manera tradicional, uno a la semana, por ejemplo, de manera que no seguirá el ejemplo de plataformas como Netflix, que estrena a la vez la temporada entera.

Facebook no es la única compañía que quiere apostar por el mundo audiovisual. Apple contrató a principios de este mes a los copresidentes de Sony Pictures Television, Jamie Erlicht y Zack Van Amburg, para dirigir su trabajo en vídeo.

Hace poco, Apple comenzó esta andadura con un reality show llamado «Planet of the Apps».

Nueva función de YouTube permite chatear y compartir videos.

La plataforma de vídeos YouTube incorporó a su aplicación móvil una nueva función que permite a los clientes compartir vídeos a través de una nueva pestaña interactiva.

Los usuarios pueden seleccionar la pestaña "Compartido" para agregar a otros internautas, amigos o conocidos, con quienes deseen compartir el audiovisual, sin tener que copiar y pegar el link, como suele hacerse normalmente.

Las personas podrán conversar mediante chat con aquellos contactos que hayan agregado a su pestaña y todos los clips compartidos se guardarán en ella.

La opción, en principio, sólo estará disponible para América Latina. Se probó en modo beta en México, Brasil y otros países. La función estará disponible para Android e iOS.

Nintendo: Control del Game Cube puede ser usado en Switch.

Nathanial Rumphol-Janc, redactor de la web Nintendo Prime, encontró una forma de usar en la nueva videoconsola los mandos de la vieja Game Cube de Nintendo.

Esto añade al Nintendo Switch un punto a favor, que además de la portabilidad, es la presencia de los Joy-Con, sus mandos desmontables.

Luego de comprobar que el adaptador oficial de controles de Game Cube para Wii-U no funciona para tal cometido en Nintendo Switch, Rumphol-Janc descubrió que un cargador oficial llamado Mayflash sí es capaz de permitir el uso de los mandos de la antigua consola.

Para ello, es necesario contar con la versión 3.0 de Nintendo Switch y que Mayflash también esté actualizado con la versión de firmware que brinda soporte para el juego "Pokkén Tournament".

Al conectarse, el control es leído como un control 'pro' por la consola. La funcionalidad es esencialmente la misma, aunque en este caso no se cuenta con el botón de 'inicio'.

Desarrollan un microscopio capaz de detectar tumores durante las operaciones.

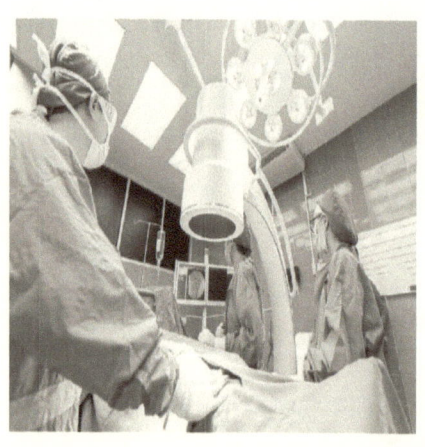

Un grupo de investigadores de la Universidad de Washington (Estados Unidos) ha desarrollado un nuevo microscopio capaz de detectar tumores durante las operaciones y de examinar biopsias en tres dimensiones.

Según un estudio publicado hoy en la revista británica Nature, el microscopio puede "fotografiar" en no más de 30 minutos, los márgenes de muestras de tejido mamario con el mismo nivel de detalle que una patología tradicional".

"Los cirujanos están un poco a ciegas cuando realizan estas mastectomías parciales. A menudo no detectan un tumor hasta un par de días más tarde, cuando el patólogo lo encuentra" afirmó Jonathan Liu, catedrático de ingeniería mecánica de la Universidad de Washington (UW).

"Si logramos fotografiar con rapidez la superficie completa o los márgenes del tejido mamario escindido durante la operación, podemos detectar si las mujeres tienen todavía un tumor en el cuerpo o no. Y eso supondría un gran beneficio para otros pacientes con cáncer" añadió Liu.

La investigación reveló que entre el 20 y el 40 % de las mujeres que se someten a una lumpectomía tienen que pasar por el quirófano "una segunda, una tercera o incluso, una cuarta vez para eliminar las células cancerígenas que no se detectaron durante la operación inicial".

El nuevo microscopio de la UW puede fotografiar grandes superficies de tejido a una resolución muy elevada y crear miles de imágenes bidimensionales por segundo para generar rápidamente una reproducción en 3-D de la muestra de la biopsia.

Esta información adicional podría ayudar a que en el futuro, los patólogos puedan diagnosticar y clasificar los tumores con mucha más exactitud.

"Al día de hoy, los patólogos están muy limitados por lo que pueden ver en una placa de vidrio. Sin embargo, si disponen de información en 3-D, pueden ayudar a mejorar considerablemente la precisión de los diagnósticos de los pacientes", aseguró Adam Glasser, del Laboratorio de Biofotónica Molecular de la UW y uno de los coautores del estudio.

Conozca de qué trata la epidemia de Malware WannaCry.

En las últimas décadas, se ha evidenciado el crecimiento exponencial de la tecnología en cualquier ámbito y pareciera que este crecimiento va de la mano con la vulnerabilidad de los sistemas.

La extorsión digital no es un concepto nuevo, sin embargo, se ha visto un crecimiento importante durante los dos últimos años que ha abierto los ojos de los ejecutivos de alto nivel. Este creciente impulso que ha tenido, es debido a que se ha convertido en una fuente fácil de ingreso incluso para aquellos sin habilidades de hacking.

El ransomware es un tipo de malware informático que encripta archivos y su principal propósito es la extorsión digital. Son normalmente propagados por correos electrónicos phishing, correos que buscan engañar al usuario con el fin de descargar un archivo malicioso. El atacante o hacker exige un rescate para el descifrado de los archivos, el cual debe ser pagado dentro de un tiempo estipulado en la forma de cripto monedas, siendo la más utilizada el bitcoin.

El pasado 12 de mayo de 2017, el masivo ataque del ransomware WannaCry ocurrió en diferentes sectores, incluyendo salud, gobierno, telecomunicaciones y gas. Hasta la fecha, WannaCry se ha extendido a más de 300.000 sistemas en 150 países con impactos significativos en el Servicio Nacional de Salud del Reino Unido, pero con mayor cantidad de ataques de forma masiva y exitosa en Rusia y China, quizás por el alto porcentaje de software sin mantenimiento o fuera de soporte.

WannaCry se propaga a través de SMB (protocolo Server Message Block o servidor de mensajes por bloque) que opera a través de los puertos 445 y 139, típicamente utilizados por dispositivos Windows para comunicarse con sistemas de archivos a través de una red. Una vez instalado correctamente, este ransomware escanea y se propaga a otros dispositivos en riesgo que se encuentren dentro de la misma red.

Es importante destacar que en el mes abril del 2017, el grupo de activistas cibernéticos Shadows Brokers, hizo pública una serie de vulnerabilidades que implicaban la explotación del SMB para los sistemas Windows, las cuales no fueron abordadas y/o corregidas oportunamente.

Crónicas del WannaCry.

El atacante usa un mecanismo de infección desconocido. (Se especula que el mecanismo inicial fue el phishing).

La víctima recibe el malware WannaCry y lo ejecuta inadvertidamente.

WannaCry encripta todos los archivos en la máquina de la víctima, utilizando un esquema de cifrado robusto (AES-128) prácticamente imposible de decodificar. Los archivos cifrados por WannaCry se añaden con un archivo de extensión de ".wncry".

Seguidamente, se muestra una nota de rescate solicitando $ 300 a $ 600 en bitcoin.

WannaCry establece la conexión por medio de la web profunda, conectando de nuevo con el atacante (lo que hace que esto sea extremadamente difícil, si no imposible de rastrear).

Se comprueba la dirección IP de la máquina infectada, se analizan las direcciones IP de la misma subred para vulnerarlas.

Cuando un nuevo equipo se conecta correctamente (se explota la vulnerabilidad) el malware continúa con el ciclo de cifrado y propagación.

¿Por qué fue tan exitoso WannaCry?

Una vez que una infección tiene lugar, WannaCry activa una dirección URL llamada "el interruptor para matar" determinando si el malware se encuentra en un entorno aislado como un sandbox. Si la URL no responde, el malware comienza con el proceso de cifrado, de lo contrario se direcciona a otro equipo de la red. A diferencia de otras familias de ransomware, WannaCry sigue encriptando archivos de víctimas después de cualquier cambio de nombre y archivo nuevo creado después de la infección. Una nota de rescate se muestra en la máquina de la víctima, que puede ser originada en varios idiomas; sin embargo, el primer lenguaje mostrado es elegido basado en la ubicación de la máquina.

¿Qué puedes hacer al respecto en caso de infección?

Si observa en su equipo que las extensiones de archivos importantes han cambiado a uno de los comentados anteriormente, entonces por desgracia usted es una víctima de este ransomware. Siga estos pasos para reducir el impacto:

Desconecte todas las conexiones de red y almacenamiento externo inmediatamente.

Apague el equipo e informe a sus equipos de Tecnología de Información (TI).

No pague ningún rescate al hacker ya que esto alimenta el ecosistema ilegal y no hay garantía de que pueda recuperar los datos.

Proteja y mantenga sus copias de seguridad listas antes de que los expertos le ayuden.

Lo que esperamos a continuación.

Se han empezado a ver nuevas variantes del malware WannaCry y sin el "interruptor para matar". Y próximamente los expertos han advertido vendrán más mutaciones y copias de este ransomware que se aprovecharán de las vulnerabilidades más recientes. También se espera que los atacantes apliquen técnicas de propagación de WannaCry, creando otros malwares que se pueden mover lateralmente dentro de un sistema, infectando sin la necesidad de intervención humana.

Los ataques de ransomware significativos tienden a ser independientes al tipo de industria, tratando de maximizar los ingresos y golpeando un amplio rango de objetivos como sea posible. Las empresas que aún utilizan sistemas fuera de mantenimiento (o antiguos) están en una postura de riesgo elevado.

Europa impulsa investigación para mejorar seguridad en redes de comunicación.

La Comisión Europea impulsó un proyecto investigativo para mejorar las condiciones de seguridad en los sistemas informáticos, redes de comunicación y prevención de los hackeos.

El programa llamado Cybeco (Apoyo a la Cyberseguridad desde la Elección Conductual, por sus siglas en inglés) busca "trasladar los modelos matemáticos que se están aplicando con éxito en el campo de la seguridad física al mundo de la ciberseguridad" explicó el director científico del Instituto de Ciencias Matemáticas (ICMAT) David Ríos.

"Ataques como WannaCry pueden dejar a las empresas fuera del mercado durante un tiempo más o menos largo, puesto que muchas de sus actividades dependen de sistemas informáticos; además les pueden robar información comprometida y como consecuencia, pueden perder reputación y con ello clientes u oportunidades de negocio", agregó.

Para el especialista, la aplicación de modelos matemáticos en los sistemas informáticos, redes y comunicaciones permitirá analizar los riesgos que los cyberataques, para luego establecer mejores métodos de seguridad.

Alaska Airlines realizará vuelo especial para ver un eclipse solar.

Alaska Airlines realizará un vuelo especial el 21 de agosto sobre el Océano Pacífico para que selectos pasajeros puedan ver un eclipse total de Sol desde el cielo, informó la aerolínea.

El avión despegará a las 7:30 de la mañana, hora local de Portland, Oregon, y los boletos estarán a la venta sólo por invitación a unos 50 astrónomos y acérrimos aficionados de eclipses. La aerolínea también comenzará un sorteo en internet a partir del 21 de julio 2017,para el público en general y el premio será un par de asientos para poder disfrutar de este espectáculo.

El eclipse total de Sol es el primer evento de su tipo que se verá de costa a costa en el territorio continental estadounidense en 99 años.

Este suceso astronómico ocurre cuando la Luna pasa entre el Sol y la Tierra, bloqueando la luz solar.

La zona de umbra "el área de total oscuridad donde la sombra lunar oscurece completamente al sol" comienza en Estados Unidos en la costa de Oregon y continúa hacia al este por territorio estadounidense.

La idea detrás del vuelo comenzó el año pasado, cuando un grupo de aficionados compraron boletos para un vuelo de Anchorage a Honolulu durante un eclipse que pudo ser visto desde el océano Pacífico. La portavoz de la aerolínea Halley Knigge dijo que ellos convencieron a Alaska de que "ajustara su ruta para poder ver el suceso astronómico".

El vuelo se realizará en un Boeing 737 y durará entre cuatro y cinco horas. "Hay un límite de unos 50 asientos para asegurarse de que todos tengan una buena vista", puntualizó Knigge.

Una de cada cinco personas en el mundo visitan YouTube al menos una vez al mes.

YouTube sigue creciendo a pasos agigantados. Según los últimos datos de la famosa plataforma de vídeos, 1.500 millones de usuarios registrados visitan cada mes la página. Esta cifra equivale a que uno de cinco cada habitantes del planeta entra en la web al menos una vez cada treinta días.

Este espectacular registro fue facilitado por Susan Wojcicki, directora general en YouTube, durante su reciente intervención en VidCon. La máxima responsable de la página también destacó que sus usuarios dedican más de una hora a ver contenidos sólo en los dispositivos móviles.

Pero pese a los buenos resultados, YouTube aspira a seguir creciendo. En la convención de vídeo online que se celebra cada año en Anaheim (California), Wojcicki desgranó algunos de los próximos objetivos fijados para los próximos meses. Hacer disponible la realidad virtual (VR) a todas las personas es una de las metas preferenciales.

La grabación de vídeos inmersivos y 360° no es fácil para la mayoría de los creadores y además, algunas cámaras de VR no son baratas. Por ello, YouTube trabajará con fabricantes de cámaras como LG, Yi y Lenovo para construir nuevas cámaras VR180 «por tan sólo un par de cientos de dólares».

La app y la versión de escritorio, renovadas.

La imagen sigue siendo también un asunto muy destacado. A corto plazo, la app móvil de YouTube se podrá adaptar dinámicamente al tamaño que elijas para ver el contenido. Esto significa que si estás viendo un vídeo en formato vertical, 4:3 u horizontal, el reproductor de YouTube se adaptará de forma sencilla para rellenar el espacio de la pantalla y proporcionar el formato exacto que debería tener.

Compartir los vídeos también será pronto más fácil gracias a una nueva prestación diseñada exclusivamente para la app. En lo que se refiere al modo escritorio, se renovará su aspecto con un diseño más limpio y claro que proporcione a los vídeos un carácter cinematográfico.

Wojcicki también tuvo tiempo en Anaheim para hablar de sus planes más ambiciosos: YouTube TV y YouTube Red. YouTube TV seguirá expandiéndose en las próximas semanas por más zonas de Estados Unidos y YouTube Red dispondrá pronto de doce nuevos proyectos que se sumaran a las 37 series y películas originales que ya forman parte de su catálogo. Unos objetivos prometedores para una página que sigue pulverizando récords.

RHA lanza un novedoso amplificador portátil para auriculares

La reproducción de música en movimiento, sobre todo a través del teléfono móvil, no ha sido muy exigente, en cuanto a calidad, por parte del usuario, sin embargo, de un tiempo a esta parte algunas marcas independientes e incluso las propias firmas fabricantes de teléfonos han lanzado auriculares y sistemas de reproducción de mucha calidad. Recordemos, por ejemplo, la colaboración entre Samsung y AKG, o LG y Bang and Olufsen o Huawei y Harman Kardon, sin olvidar el esfuerzo de marcas como Sony con sus modelos Xperia cara a ofrecer un nivel de calidad sonora muy mejorada.

En esta coyuntura la marca británica RHA, especializada en sonido, tiene en el mercado un revolucionario sistema: Decamp L1, un amplificador portátil para auriculares con DAC integrado.

La firma asegura y así hemos podido comprobar en las pruebas realizadas al dispositivo "llevar al usuario al mejor resultado sonoro con un smartphone". La mejora proporcionada es percibida de forma clara e inmediata, no en vano el Decamp L1 cuenta con la certificación Hi-Res Audio otorgada por la Japan Audio Society.

Características.

RHA ha desarrollado el primer amplificador de auriculares portátil con DAC, que se caracteriza por su potencia y un diseño novedoso (acabado mate). Combina la estética clásica de los componentes de alta fidelidad con la capacidad para reproducir audio de alta resolución, en cualquier situación.

Cuenta con una potencia de salida entre 28 y 300mW (300 y 16 Ohmios respectivamente), una impedancia de salida de 2,2 Ohmios y un rango dinámico de 111dB.

Se trata del único producto en su segmento que utiliza procesadores dedicados para cada canal estéreo, para producir audio analógico balanceado de alta resolución. Esta configuración de doble convertidor y amplificadores de clase AB elimina interferencias entre canales, proporcionando una reproducción de audio que el usuario percibe de manera más precisa.

 Fabricado en aluminio extruido, es de peso ligero (233 gramos), bastante compacto (mide 11.8 cm de largo, 7.3 cm de amplitud y 2 cm de grosor) y resistente. Puede utilizarse para la escucha móvil como en el hogar. Está dotado de controles manuales que permiten ajustar la respuesta de graves y agudos según las preferencias del usuario, así como de un control de ganancia que facilita su acoplamiento a cualquier equipo de audio.

RHA lo ha diseñado teniendo como objetivo la compatibilidad, dispone de una gama de entradas como un puerto micro USB y otro óptico y cuenta con salidas de auriculares de 3,5 mm y mini XLR. Utiliza una batería de iones de litio de 4000mAh que le proporciona una autonomía de 10 horas de reproducción y una función de carga destinada a teléfonos y tabletas.

"El Dacamp L1 fue diseñado para no comprometer ni la portabilidad ni la estética ni el sonido y ha supuesto varios años de desarrollo" ha señalado Kyle Hutchison, director de Diseño de Productos de RHA quien añade que "estamos en un permanente desafío para hacer productos que ofrezcan cada vez algo mejor y que el Dacamp L1 haya sido reconocido entre los mejores productos del mercado es todo un honor".

El Decamp L1 es compatible con Android, iOS, PC y Mac y también ofrece control en tres niveles. Dispone de ecualización (EQ) para niveles graves y agudos.

Cabe destacar que es un complemento de audio óptimo para auriculares RHA como los T20 y CL1 Ceramic.

Panasonic presenta un teléfono doméstico que elimina las radiaciones en modo espera.

El auge del 'smartphone' que compite en cuanto a porcentaje de utilización dentro del hogar frente al teléfono doméstico DECT, ha condicionado la evolución de este último, que salvo en dignas excepciones, no ha aportado características diferenciales ni diseños innovadores. La novedad en este terreno viene de la mano de la compañía Panasonic que ha anunciado el equipo inalámbrico TGK210 con el que apuesta por dar un giro a la imagen del producto y a alguna de sus prestaciones.

El terminal que se presenta con acabados redondeados estará disponible en tiendas en los primeros meses de 2017, a un precio que ronda los 40 euros.

En cuanto a la estética del aparato, hay que señalar que reinventa los moldes tradicionales y redescubre formas más ergonómicas y atractivas. Ambas partes del teléfono se deslizan para abrirse en un mecanismo ligero dando lugar a la cara interior del teléfono, con una pantalla LCD de 1,5 pulgadas y una luz LED azul que notifica las llamadas entrantes.

Características.

El modelo dispone de la función agenda compartida (con 50 números) y a una batería que aguanta 200 horas en tiempo de espera y hasta 18 horas de conversación. Asimismo, dispone del modo ECO para eliminar las radiaciones mientras el teléfono se halla en modo de espera. Este modo corta la energía transmisora a cero y la unidad base se mantiene desactivada hasta que se produce una llamada.

Otra ventaja adicional, muy útil para las personas mayores, es que ofrece la opción de responder con cualquier tecla.

Para no perturbar la hora del sueño, cuenta con un bloqueador de llamadas entrantes para recibirlas cuando el usuario decida, así como la opción para llamadas de emergencia.

Así son las tabletas económicas de la serie Fire que presenta Amazon.

El gigante del 'e-commerce' Amazon acaba de anunciar el lanzamiento de dos nuevas tabletas: Fire 7 y Fire HD 8. La primera es la nueva generación de su modelo más económico y más vendido, que ahora llega en un formato más fino y ligero con una pantalla IPS de 7" mejorada que deja ver colores intensos y texto nítido, con mayor duración de la batería (hasta 8 horas, según pruebas las pruebas de autonomía realizadas al aparato) y una conectividad wifi de mayor precisión. Su almacenamiento interno es de 8 GB, pero cuenta con la posibilidad de ampliarlo hasta 256 GB adicionales con una memoria microSD. Cuesta unos 70 euros, por lo que puede decirse que Amazon ha conseguido un producto con una óptima relación calidad precio.

Por su parte el Fire HD 8 que cuenta con un notable procesador Quad-Core de 1,3 GHz, ofrece una pantalla HD de 8" con alrededor de 1 millón de píxeles, supera las 12 horas de duración de la batería si se hace de ella un uso medio (no intensivo), e integra hasta 16 GB de almacenamiento, ampliable hasta 256 GB, por unos 109 euros. Durante la presentación de los nuevos productos, que ya pueden adquirirse en la web de la firma, Kevin Keith, director general de Fire Tablets ha afirmado: "sabemos que los clientes esperan más de su tableta: mejor hardware, más funcionalidades, acceso a más contenido… Y no tienen por qué pagar más por todo ello. Nuestro enfoque es ofrecer productos premium a precios no premium".

En la funcionalidad de lector electrónico, el Fire 7 ofrece buen nivel de contraste y textos nítidos, consiguiendo que tanto los libros como el contenido web y vídeos se muestren con más viveza que la generación anterior y con colores más intensos.

El Fire HD 8, que aporta una pantalla de alta definición de 1280 x 800 está preparado para reproducir imágenes con óptima claridad. Su capacidad de procesamiento también es más rápida. Se comercializa en versiones de 16 GB o 32 GB de almacenamiento interno, con posibilidad de ampliar la memoria interna del tableta hasta 256 GB más con una tarjeta microSD.

Características.

Ambos modelos cuentan con un procesador Quad-Core de 1,3 GHz que ha mostrado un buen nivel de velocidad tanto en el cambio y arranque de apps, como en el funcionamiento de juegos y vídeos, con un rendimiento óptimo en la navegación por páginas web.

No destacan por las cámaras, pero éstas cumplen bien su función para realizar videollamadas (cámara frontal) así como para tomas instantáneas sin pretensiones artísticas (cámara principal). Una ventaja es que las fotos y vídeos se pueden compartir y guardar de forma gratuita e ilimitada en el sistema de almacenamiento ofrecido por Amazon.

Una mejora importante respecto a la generación anterior es que la conectividad wifi es más rápida (de doble banda).

En cuanto a contenidos hay que destacar que la firma ha puesto a disposición de sus clientes funcionalidades exclusivas (desde Blue Shade hasta descargas offline de Amazon Prime Video) y un masivo ecosistema de contenido internacional (películas, series, canciones, eBooks, apps y juegos, con almacenamiento gratuito e ilimitado en la nube).

Precios.

Los clientes que hayan contratado Amazon Premium pueden comprar el nuevo Fire 7 a un precio especial de 54,99 euros hasta el próximo 17 de agosto de 2017; para el resto de clientes el Fire 7 cuesta 69,99 euros. El primer tipo de clientes también podrán comprar el Fire HD 8 por 89,99 euros hasta el 17 de agosto; para el resto el precio es de 109,99 euros.

Las fundas para el Fire 7 pueden adquirirse desde 24,99 euros y para el Fire HD 8 desde 27,49 euros.

¿Qué me pongo hoy? Amazon Echo Look te ayuda a elegir la ropa.

"¿Qué me pongo?" es una de las preguntas clásicas de muchas mañanas. La solución, más allá del criterio personal, puede estar en un gadget y una app: Amazon Echo Look. El gigante de las compras 'on line' ha anunciado un nuevo aparato que combina cámara, asistente por voz y una aplicación para recomendar la mejor combinación de ropa.

Puede parecer un tema poco serio pero poco lo debe ser si la firma creada por Jeff Bezos ha decidido apostar por él. El nuevo aparato puede situarse en cualquier superficie, dispone de cámara, flash y del asistente de voz Alexa.

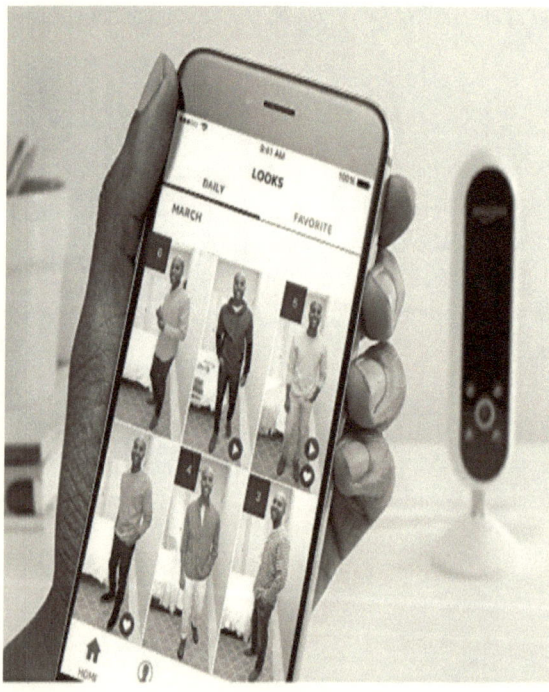

El usuario se coloca frente al aparato y con órdenes vía voz ("Alexa, hazme una foto", "Alexa, graba un vídeo") captura fotos y vídeos de cuerpo entero de la persona (además, difumina los fondos). Esas fotos no se ven en el dispositivo, que no tiene pantalla, sino en el teléfono móvil.

Wallapop lanza Wallapay, su servicio de pago desde el móvil.

Tras años de éxito, ampliar su base de usuarios y ser valorada en cientos de millones de euros, la aplicación de compraventa de productos de segunda mano entre particulares, Wallapop, busca la rentabilidad. La firma vira su estrategia y ha estrenado una pasarela de pago entre particulares (Wallapay) además de incluir publicidad en los anuncios de los productos, en busca de ingresos.

Wallapay es una "plataforma de pago que permite a los usuarios efectuar y recibir pagos de forma rápida y segura a través de la app. Con este nuevo servicio, los usuarios podrán realizar el pago de los artículos sin tener que intercambiar datos bancarios y personales con otros wallapopers, de forma rápida y segura", ha destacado la empresa.

Se trata de un servicio opcional para pagar las compras. Los usuarios deben dar de alta una tarjeta de crédito y el pago se realiza en pocos segundos, de móvil a móvil, "de forma segura e instantánea". Eso sí: no se trata de un servicio gratuito: presenta una escala de comisiones dependiendo del precio del producto: 0,99 euros hasta compras de 40 euros, 1,99 euros hasta 80 euros, 2,99 euros hasta 200 euros, 4,99 euros hasta 400 y 5,99 euros hasta 500 euros de compra.

Publicidad en Wallapop.

Por otro lado, Wallapop también ha comenzado a introducir "de manera progresiva" publicidad en la app y en la web. "Esta monetización se corresponde con una nueva fase iniciada hacia la rentabilidad y permitirá añadir más recursos para seguir mejorando la experiencia de uso. La aplicación móvil seguirá siendo de uso gratuito, ofreciendo un servicio de calidad", asegura la empresa.

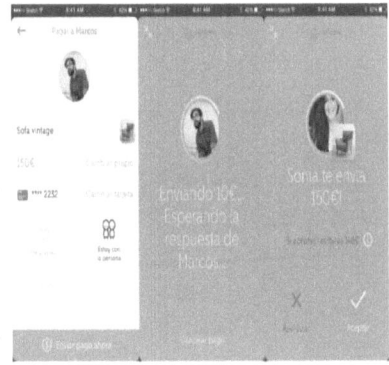

La publicidad aparece en los anuncios de productos, entre la descripción del mismo y el mapa de ubicación.

La firma estrenó hace poco otra forma de ingresos: el pago por destacar anuncios.

Llega una edición limitada del reloj Apple Watch NikeLab.

La colaboración de Apple y Nike da como resultado un nuevo producto, se trata de la edición limitada Apple Watch NikeLab que llegará pronto.

Las compañías Apple y Nike presentaron el pasado mes de septiembre de 2016 el Apple Watch Nike+, una herramienta para corredores que combinaba las Nike Sport Bands con el Apple Watch Series 2. Este trabajo conjunto continúa con NikeLab, la plataforma de colaboración de la empresa y con el lanzamiento del Apple Watch NikeLab.

La edición limitada en tonos neutros del dispositivo mantiene las características de su predecesor: integración con la aplicación Nike+ Run Club, los comandos de Siri, el GPS, una pantalla más brillante y una resistencia al agua de hasta 50 metros (en la práctica nadar, pero no hacer buceo). También conserva el procesador de doble núcleo y watchOS 3.

El logotipo NikeLab Innovation x Innovators se muestra en el interior de la banda del Apple Watch NikeLab, en versiones de 38 y 42 mm. El reloj estará disponible en color space gray (gris espacial) con la banda light bone/black, colores exclusivos para la edición NikeLab.

Pensado para deportistas.

El reloj integra la aplicación Nike + Run Club, para controlar los progresos, motivar al usuario con consejos de expertos, recibir recordatorios y acceder a la actividad de los amigos, al historial propio y a la meteorología. Permite también compartir las carreras y tablas de ejercicio.

Cuenta con comandos específicos para iniciar una carrera a través de Siri, conectividad GPS para medir distancias, ritmo y recorrido sin necesidad de llevar encima el iPhone.

China inaugura nuevo modelo tren de bala aún más veloz.

El tren bala de nueva generación chino, bautizado como "Fuxing" comenzó en julio de 2017 una ruta entre las ciudades de Pekín y Shanghai en la que alcanzará los 400 kilómetros por hora (km/h), una velocidad aún mayor que la del modelo anterior.

El tren circulará unos 50 kilómetros por hora más rápido de media que la generación previa, que iba a unos 300 km/h, con lo que alcanzará los 350 km/h de velocidad media, informó hoy la agencia oficial de noticias Xinhua.

Un modelo del tren CR400AF salió esta mañana de la estación Sur de Pekín al mismo tiempo que salía otro de la de Shanghai Hongquiao con destino a la capital china.

Este nuevo modelo de tren bala fue diseñado y fabricado por China e incluye un sofisticado sistema de monitoreo que comprueba constantemente su funcionamiento y ralentiza automáticamente el tren en caso de emergencias o condiciones anormales.

China tiene la red ferroviaria más larga del mundo, con un total de 22.000 kilómetros a finales de 2016, alrededor del 60 % del total mundial.

Crean una máquina que detecta el sarcasmo en las redes sociales.

Es una realidad que no siempre resulta sencillo detectar el sarcasmo o la ironía en las redes sociales. Por ese motivo, un equipo de investigadores del Technion Israel Institute of Technology, han creado la primera máquina capaz de descifrar las intenciones sarcásticas de un texto escrito.

El sistema funciona convirtiendo las frases o tuits irónicos, en otros que revelan el auténtico sentido de lo que el autor trataba de decir. Para su creadores esta herramienta tiene aplicaciones interesantísimas que van mucho más allá del ámbito de las redes sociales, ya que puede servir para mejor las habilidades comunicativas de personas con autismo o síndrome de Asperger, a las cuales les resulta complicado captar los matices irónicos.

La mayoría de las personas sabe apreciar con bastante facilidad la ironía cuando está manteniendo una conversación cara a cara, gracias a los matices propios de la comunicación no verbal, como son la expresión del rostro o el tono de voz. Incluso, hay un estudio realizado en 2008 por la Universidad de Calgary, en Canadá, que

afirma que los niños ya son capaces de apreciarla a partir de los cinco años de edad. Pero la cosa cambia cuando se trata de internet. Otro experimento, realizado en 2006 por la Universidad de Nueva York, reveló que los voluntarios sólo eran capaces de descubrir que emails eran irónicos en un 60% de los casos. De hecho, en el ámbito de internet se ha llegado a acuñar la llamada Ley de Poe, que resume de manera muy expresiva esta dificultad. Se trata de un aforismo acuñado en 2005 por un usuario llamado Nathan Poe en un foro en el que se debatía sobre creacionismo, y que propone que en ausencia de un guiño, un emoticono o cualquier otra señal, es imposible diferenciar una postura ideológica extrema de su parodia.

En definitiva, esta ley no escrita, lo que postula es lo difícil que nos resultar captar la ironía y el sarcasmo en las redes. Y el principal problema reside en que para lograrlo hace falta un esfuerzo, y en estos tiempos de inmediatez tecnológica, no parece que todo el mundo esté dispuesto a realizarlo. Una investigación realizada por la Universidad de Glasgow, puso de manifiesto (analizando las miradas de los voluntarios), que para captar el contenido sarcástico de una frase, todos los participantes tenían que leerla al menos dos veces, aunque fuera de forma inconsciente.

Afortunadamente, el invento desarrollado por los investigadores israelíes nos lo va a poner más fácil a partir de ahora.

¿Existe un hacker llamado jayden k. Smith, o es el último bulo viral?

Los fakes virales, como la energía no se destruyen, pero si se transforman. Miles de usuarios de Facebook han

recibido un mensaje en el que se les advierte de que no acepten la solicitud de amistad de un usuario que se hace llamar Jayden K. Smith. Supuestamente se trataría de un peligroso hacker, y el mensaje advierte de que puede conectar sus sistemas a tu cuenta en la red social para robar los datos.

Pero, según parece, el tal K. Smith no existe. El mensaje, en realidad, sería un fake que lleva muchos años corriendo por la red, aunque el nombre del personaje ha ido cambiando. En definitiva, spam de toda la vida.

Los responsables de Facebook advierten que no es posible hackear la cuenta de un usuario simplemente aceptando una solicitud de amistad. Con todo, aprovechan la ocasión para recordar que nunca está de más ser escrupuloso a lo hora de valorar a quién se acepta como amigo.

Éste va a ser uno de los objetos más brillantes del cielo.

Mayak es una palabra rusa que significa faro. Y ése ha sido precisamente el nombre que los investigadores de la Universidad de Ingeniería Mecánica de Moscú, han elegido para un fascinante proyecto: un satélite con forma de pirámide que esperan convertir en uno de los objetos más brillantes del cielo nocturno. Y la elección no ha podido ser más acertada, ya que lo que va a hacer este objeto es reflejar los rayos del Sol hacia nuestro planeta.

Para ello, el satélite, que orbitará a 600 kilómetros de la Tierra, estará equipado con un reflector de forma piramidal, fabricado con placas metalizadas que tienen un grosor veinte veces inferior al de un cabello humano.

El proyecto ha sido financiado mediante crowfunding y, si todo transcurre según lo previsto, el próximo 14 de julio de 2017 una nave del tipo Soyuz-2 se encargará de poner en órbita a Mayak. Según los cálculos realizados, será el objeto más brillante del cielo después del Sol y la Luna.

La finalidad de esa misión, más allá de colocar un objeto luminoso en nuestro cielo, es doble. Por un lado, demostrar que la financiación mediante crowfunding es útil para la investigación espacial y, por otro, obtener datos sobre la densidad atmosférica a grandes altitudes.

Aunque la noticia no ha sido bien recibida por toda la comunidad científica. Hay astrónomos e ingenieros aeroespaciales que han mostrado su disgusto con este tipo de iniciativas. Consideran que, si el ejemplo cunde y empiezan a multiplicarse este tipo de lanzamientos, el espacio comenzará a llenarse de objetos orbitales que harán cada vez más complicado poner un cohete en órbita.

Breve historia de la montaña rusa.

1600: Mucho antes de los raíles, los frenos y las ruedas metálicas, los rusos más osados se atrevían con montañas de hielo de casi 30 metros de altura. Los baches aumentaban la diversión. Igual que el vodka.

1817: Los franceses llevan la idea del tobogán de hielo a París y en un derroche de originalidad lo bautizan Les Montagnes Russes.

1873: Las vías de una mina de hulla en Pensilvania (EEUU) se transforman en una atracción. El presidente Ulysses S. Grant, Thomas Edison y muchos otros pagan 5 céntimos para que les den un viaje.

1884: El inventor LaMarcus A.Thompson (creador de atracciones de feria), diseña la Vía ZigZag, una plataforma de madera con una pendiente de 30 m de largo en la que se alcanzaban los 10 km/h.

1927: El Ciclón reemplaza a la Vía ZigZag en el parque de atracciones de Coney Island (EEUU).Tiene una longitud de unos 800 m y alcanza los 96 km/h gracias a una caída de casi treinta metros. El Ciclón fue una de las montañas rusas que se llevó el viento de la Gran Depresión.

1959: El Matterhorn fue la primera con un recorrido a través de un tubo de acero.

1977: Alvy Singer, el personaje de Woody Allen en la película Annie Hall, recuerda haber crecido bajo la Thunderbolt, también en Coney Island. Esta montaña rusa estuvo funcionando entre 1925 y 2000.

1992: Se construye el primer recorrido invertido: las vías están sobre las cabezas de los visitantes y sus piernas cuelgan en el vacío. Se trata de Batman: The Ride, que alcanza los 10 pisos de altura.

2002: Superman, la atracción de acero (en Madrid), se convierte en la primera en Europa que no tiene suelo. Los pasajeros van montados en butacas y sobrepasan los 100 km/h en sus 1.100 metros de recorrido.

2010: En Abu Dabi, Ferrari inaugura Formula Rossa: pasa de 0 a 240 km/h en menos de cinco segundos.

2012: Durante el huracán Sandy, la Star Jet (con un recorrido de 400 metros) es arrastrada al océano Atlántico, donde permanece durante varios meses. Un hombre es arrestado por acercarse a ella en canoa y escalarla.

2013: El parque Six Flags Magic Mountain comienza a construir la Full Throttle, con el rizo más alto del mundo. Los viajeros serán catapultados a 110 km/h y a 53 metros de altura, el equivalente a un edificio de 18 plantas. Tiene un motor magnético sincronizado para garantizar el "despegue". Lo que no se garantiza es la ausencia de mareos.

Presentan el stratolaunch, el avión más grande del mundo.

Un hangar en el desierto de Mojave, en California, ha sido el escenario elegido para presentar en público el primer modelo de Stratolaunch, el avión más grande del mundo. Un prodigio tecnológico cuya creación ha sido impulsada por el multimillonario Paul Allen, fundador de Microsoft. La aeronave está formada por dos cuerpos o cabinas unidas por un ala de 117 metros, en la que van acoplados seis motores similares a los que usa un Boeing. Su peso es algo superior a las 220 toneladas, y puede transportar runa carga de 600 toneladas. Para que sea posible despegar, este coloso de los cielos necesita una pista de algo más de tres kilómetros.

Pero, ¿cuál será el destino de este majestuoso avión? El espacio. Su propósito es servir de apoyo a las misiones de la NASA, poniendo cargas en órbita o transportando astronautas a la Estación Espacial Internacional. Sus creadores afirman que el coste será un 70% inferior a lo que supone hacerlo en las naves Soyuz rusas.

Hay que decir que Stratolaunch llega con retraso, ya que inicialmente debería haber realizado su primer vuelo orbital en 2016. Ahora, la nueva fecha prevista es 2019.

Descubren un modo de acabar con el síndrome del miembro fantasma.

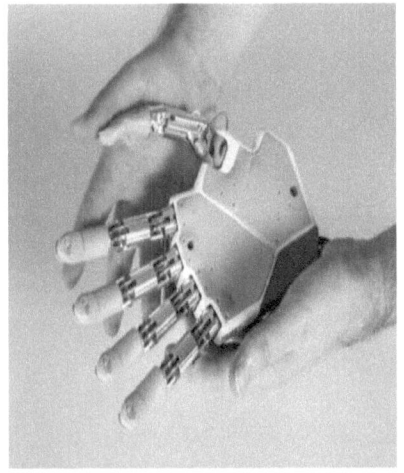

El llamado síndrome del miembro fantasma es la sensación de que un miembro amputado aún sigue conectado al cuerpo de la persona. Y una de sus consecuencias es que la personas que lo sufren, cuando se les implanta una prótesis, no tienen una sensación real de ese nuevo miembro. De hecho, este problema puede ser una de las muchas causas que provoquen el rechazo a dicho implante.

Pero ahora una nueva investigación realizada por especialistas del MIT podría ayudar a solucionar este problema. Los autores del estudio se basaron en el modo de actuar de los músculos que controlan el movimiento de las extremidades, conocido como por los especialistas como "pares agonistas-antagonistas", y que se basa en el principio de que cuando uno de esos músculos se estira, otro se contrae. Y a la vez que eso sucede, se envía al cerebro información sensorial sobre la posición de dicha extremidad.

Pero, cuando se sufre una amputación, ese mecanismo se frustra también, y esa información sensorial no llega al cerebro. Y la consecuencia es que las personas con una prótesis nunca tienen una información clara de la posición de su nuevo miembro, o de la fuerza que están aplicando con el mismo.

Y lo que los científicos del MIT han hecho ha sido injertar tejidos musculares del miembro amputado en el lugar dónde está la prótesis, y volver a conectarlos, de tal forma que el cerebro vuelva a recibir todo ese caudal de información.

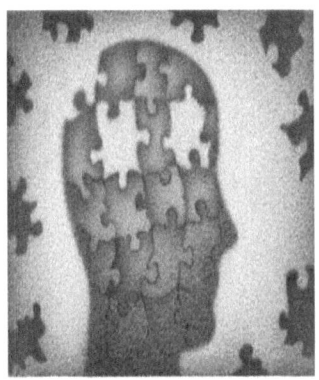

Los primeros experimentos se han realizado con ratas y han sido todo un éxito. Falta por ver ahora si también se consigue el mismo efecto en los seres humanos. De ser así, se habrá dado un paso muy importante para acabar con el síndrome del miembro fantasma.

Quieren que este coche volador inaugure las olimpiadas de Tokio.

Se llama SkyDrive y es el sueño de cualquier madrileño al volante en hora punta. Sus diseñadores pertenecen Cartivator, una startup financiada por Toyota. Los emprendedores de esta empresa comenzaron a desarrollar el vehículo volador hace 3 años a través de crowdfunding, hasta que la empresa japonesa se ofreció a hacer de sponsor del proyecto con 385.000 dólares y la inestimable ayuda de sus propios ingenieros.

Se prevé que su presentación será en los próximos Juegos Olímpicos de Tokio en 2020, donde el vehículo volador podría ser el responsable de encender la antorcha olímpica. Por ahora, el coche ha demostrado en las pruebas poder elevarse unos segundos, pero rápidamente se estrella contra el suelo. Dispone de varias baterías, sensores y ocho hélices que intentan mantenerle en el aire, pero aún sigue en fase de desarrollo. Los ingenieros calculan que podrán disponer de un vehículo más estable en vuelo a finales del año 2018.

TOKYO 2020
APPLICANT CITY

Además de la hazaña de fabricar un coche que vuele, la startup pretende que su diseño sea el vehículo eléctrico más pequeño del mundo, con el fin de que pueda ser utilizado en espacios urbanos y comercializarlo con éxito para el año 2025.

El ascensor más rápido del mundo está en china.

El edificio del Centro Financiero de Guangzhou, en China, ocupa el séptimo lugar en la lista de los edificios más altos del mundo. Tiene 103 pisos y una altura de 530 metros, y cuenta con cien ascensores.

Pero esta fabulosa torre financiera acaba de superar en algo a sus rivales de más altura. Y es que la compañía japonesa Hitachi acaba de instalar en ella el ascensor más rápido del mundo que, gracias a un motor de imanes permanentes, es capaz de llegar al piso 95 en solo 43 segundos.

El elevador, que alcanza una velocidad de 75 kilómetros por hora, cuenta

con un sistema de frenado que es resistente a las altas temperaturas, y con un sistema de ajuste de la presión del aire en el interior de la cabina, que evita que se taponen los oídos de los usuarios.

Hasta la fecha, el ascensor más rápido se encontraba en la torre Taipei, en Taiwan, y se mueve a una velocidad de 63 km/h. Le seguían el de la Torre Landmark de Yokohama, con una velocidad de 45 km/h, y los del edificio Burj Khalifa en Dubai, con 35 km/h.

Tecnología española para salvar a Robinson Crusoe.

La vida de las personas pende de siempre de un hilo invisible. Su fortaleza se entrelaza en un elemento indisociable a la construcción de las sociedades, la confianza. En base a ella las civilizaciones son lo que son y se aleja del caos al que podrían convertirse. Confiamos cada día en el conductor (humano) del autobús que hará bien su trabajo. Confiamos ante el paso de peatones que el coche parará sin arrollarnos. Confiamos, también, en los médicos que nos salvarán de la muerte. Y en el vendedor de un producto porque confiamos que no nos timará. Confiamos en el destino y, cada vez con mayor necesidad, en la tecnología.

En el mar, en medio de una desgracia fortuita, en un hundimiento de un barco por ejemplo, los segundos que se suceden son importantes: cuentan cada uno de ellos para evitar una catástrofe. Aunque los avances tecnológicos en muchas ocasiones se emplean para fines negativos, también ofrece retazos de sus capacidades para contribuir a mejorar y ayudar a las vidas humanas. Con el foco puesto sobre el salvamento marítimo, la joven empresa española Escribano Mechanical Engineering, que opera en el sector de defensa, ha desarrollado un sistema informático que permite automatizar el proceso de búsqueda de náufragos.

El sistema ha entrado en su fase de pruebas en colaboración con Salvamento Marítimo, que iniciará además nuevos ensayos en las próximas semanas en Valencia de cara a una futura implantación total en los helicópteros de rescate en alta mar. El objetivo del proyecto es dotarle de herramientas tecnológicas a los rescatadores para agilizar y optimizar los procesos de localización de personas vivas ante un naufragio.

En la gran mayoría de ocasiones, los miembros de salvamento hacen uso de sus capacidades visuales para su detección, pero las condiciones climatológicas y sus obvias limitaciones puede llevar a pasar por alto a náufragos. Los radares aerotransportados utilizados comúnmente, aunque dispongan de apertura sintética (SAR), «tampoco son eficientes» para encontrar náufragos de los que sólo sobresale la cabeza, y el ojo humano no resulta adecuado para buscar pequeños puntos en el mar durante muchas horas.

Dirigido por el área de electroóptica de la compañía con sede en Madrid, el sistema propone un sensor y cámaras térmicas capaces de cubrir una gran extensión para buscar variaciones de temperatura en el mar. De esta forma, instalado sobre un helicóptero o avión de Salvamento Marítimo, se puede detectar variaciones de temperatura significativas. El propio software envía automáticamente la posición GPS y las coordenadas al centro de mando correspondiente para que se envíen los medios adecuados. «Hasta ahora, no tenían [por Salvamento Marítimo] ninguna herramienta efectiva, ya que los radares convencionales no están haciendo un barrido con más cámaras y es como buscar una aguja en el pajar», asegura José Infante, Director del departamento de Electro Óptica de Escribano.

El proyecto piloto, además, funciona como tecnología de doble uso, desarrollada desde 2015 a raíz de la experiencia obtenida en un proyecto de la compañía para detectar misiles fueraborda. «Por circunstancias de la vida coincidimos con Salvamento Marítimo y nos estuvieron contando la necesidad que tenían de desarrollar de detección automática de náufragos», recuerda. «Al día de hoy las labores de rescate se suelen hacer de manera visual y es imposible localizar a alguien en el agua», apunta.

La premisa de la que parte el sistema es que, en lugar de ver puntos calientes en el cielo, se haga directamente en el agua. Funciona como un radar pasivo. «Estás captando la radiación de los cuerpos cuando están a una cierta temperatura en el agua; una persona emite radiación y el software retira el fondo para ver puntos sobre un fondo uniforme», explica. No realiza barridos sino que tiene un sensor con un campo de visión muy amplio gracias a la sensibilidad del detector utilizado, lo que permite que vaya cogiendo lecturas muy rápidas mientras la aeronave realiza las pasadas. Y, para ello, se ha adaptado el algoritmo a la velocidad de la aeronave, a la altura a la que vuela y a las características del sensor.

Esta tecnología funciona hasta 300 metros de longitud y hasta 1.500 pies (unos 450 metros) de altura en que se encuentra el helicóptero de salvamento. Además, al captar las señales térmicas en tiempo real funciona igual tanto de día como de noche y, de esta forma, pueden prolongar el tiempo y rango de búsqueda de náufragos. Además, su uso no supone carga de trabajo adicional para la tripulación, puesto que no requiere de un operador adicional.

Drones salvavidas y robots exploradores.

Es una muestra de cómo las nuevas tecnologías se han venido abriendo paso en los servicios de rescate y están al servicio de labores humanitarias. Empleo de drones en labores de rescate también empiezan a ser algo habitual. En 2015, sin ir más lejos, se puso en marcha una iniciativa financiada por la operadora Vodafone que, con la autorización de AESA (Agencia Estatal de Seguridad Aérea), se utilizaron estas aeronaves no tripuladas para ayudar a los socorristas.

Aunque también se han iniciados otros proyectos en España como Pars, un drone capaz de moverse a unos 10 metros por segundo y cuyo objetivo es trasladar salvavidas a una zona en particular en el agua, la robótica también es otra área que se está explorando por sus posibles aplicaciones en labores de rescate.

Existen numerosos proyectos, algunos tan reconocidos como Boston Dynamics, firma participada por el gigante Alphabet (Google), que ya ha mostrado en los últimos años sus progresos en esta materia. Máquinas capaces de superar la orografía más hostil y con capacidad para trasladar mucho peso podría contribuir, en algún momento, en ayudar a las personas porque un robot puede acceder a zonas donde una persona no podría o, incluso, un perro. Ni qué decir tienen algunos diseños de robots acuáticos, como los desarrollados por CRASAR (Búsqueda y Rescate Asistido por Robots de la Universidad de Texas), que contribuyeron a asistir en el tsunami de Fukushima.

En otras catástrofes como un terremoto ya se han empezado a utilizar técnicas y métodos con base tecnológica que permiten, entre otras cosas, localizar a las personas con mayor rapidez. Otro ejemplo es la división

Emertech, creada por la «startup» Zerintia, y que proyecta soluciones para apoyar en situaciones de emergencia mediante el uso también de drones y, como aspecto original, tecnología «wearable» como gafas inteligentes. De esta forma, los técnicos que portan estos aparatos en la cara podrían realizar su trabajo con ambas manos al mismo tiempo que cuentan con toda información necesaria al alcance su vista.

Cómo evitar comerte spoilers de «Juego de Tronos» con estas aplicaciones y extensiones web.

Tecnología al servicio de aquellos usuarios que odian los «spoilers». Las redes sociales se han convertido en los principales filtradores y escaparate de los contenidos audiovisuales. Twitter, sin ir más lejos, es considerada la segunda pantalla de la televisión. Y, como tal, siempre hay algún un usuario que, bien de forma inocente o deliberadamente, se atreve a desvelar algunos detalles y romper con ello la experiencia de otra persona que aún no ha visto el último capítulo de su serie preferida como «Juego de Tronos».

Pues bien, existen diversas aplicaciones y extensiones web para no arruinar el día a aquellos usuarios obsesionados con vivir la ficción sin estar condicionado por la trama. Por ejemplo, la herramienta Tweetdeck, propiedad de Twitter, está destinada a gestionar los mensajes, pero también se puede usar para silenciar ciertos términos y palabras relacionadas en este caso con la conocida serie de televisión de HBO cuya séptima temporada acaba de iniciarse.

Desde la propia aplicación nativa Twitter también es posible realizar esta sencilla operación. A través de la pestaña Opciones/Configuración y privacidad/Palabras silenciadas cualquier usuario puede bloquear los términos que uno desee, ya sea de manera temporal o definitiva. Es fácil. Tan solo hay que ir añadiendo las palabras que ajusten a esos criterios, por ejemplo, los nombres de los personajes de esta serie (Jon Nieve, Sansa Stark, Cersei Lannister...) o directamente el nombre de la serie («Juego de Tronos»).

No sólo para aplicaciones van estas recomendaciones, puesto que también es posible hacerlo a través del navegador web. Con Spoiler Shield se puede igualmente bloquear los «spoilers» de tus series favoritas. Es una extensión gratuita para Google Chrome está diseñada para capar los comentarios relacionados con un acontecimiento de este tipo en las redes Twitter y Facebook. Además, se han añadido ciertos programas de televisión en particular con lo cual el usuario puede tener la garantía que no se encontrará con un detalle antes de tiempo.

Dado que el teléfono móvil inteligente se ha convertido en el principal método para acceder a internet, lo justo sería que tuviera una aplicación tanto para los dispositivos basados en el sistema operativo iOS como en Android. Pues, efectivamente, está adaptada. Su instalación es sencilla, ya que se trata de una «app». Una vez hecho este paso hay que configurarlo, pero es fácil.

Similar a la anterior es Comment Blocker, que está disponible para el navegador Firefox, y que ofrece las mismas posibilidades, es decir, evita que te encuentres con ciertos comentarios que pueden destriparte la serie. Ambas extensiones tienen una dificultad añadida, Facebook, cuya naturaleza no facilita la tarea de silenciar algunos términos. Pero, para ello, existe F.B. Purity, una extensión también gratuita y que se ajusta al navegador que uno desee. Algo que un spoiler logra también, pero en esta caso solo para Chrome.

Diseñan una mano biónica equipada con un ojo artificial.

¿Es posible crear un brazo protésico que funcione con la misma naturalidad que uno normal? Ese sueño está ahora un poco más cerca, gracias a este innovador modelo creado por ingenieros biomédicos la Universidad de Newcastle, Reino Unido. Se trata de una mano biónica equipada con un ojo artificial que permite al usuario agarrar cualquier objeto de forma casi automática.

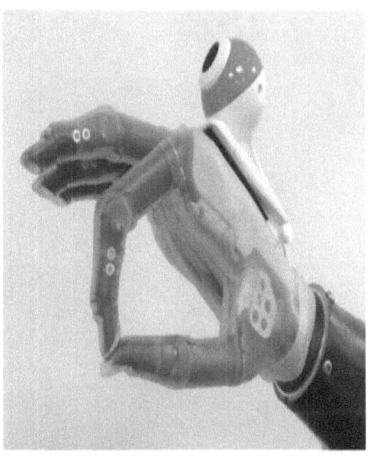

El ojo es en realidad una cámara conectada a un programa de inteligencia artificial, que toma fotos instantáneas del objeto que hay que agarrar, y procesa toda la información relacionada con su forma y tamaño, y con la distancia a la que se encuentra. En base a esos datos, el sistema decide cuál es la mejor forma de coger el objeto, y envía la orden pertinente a la mano. Y lo mejor de todo es que el proceso sólo lleva unos milisegundos, lo que hace que esta extremidad protésica sea diez veces más rápida que cualquier otra ya existente.

Pero, para que el sistema pueda tomar esa decisión, los creadores de esta mano biónica le han diseñado cuatro modos básicos de agarre: uno colocando la palma de la mano como si se fuera a coger una taza; otro con la palma hacia arriba, como cuando se sujeta el mando a distancia de la televisión; el tercero formando una especie de trípode con el pulgar y otros dos dedos; y el último con el pulgar y el índice colocados en posición de tenaza.

El propósito es que el sistema utilice esos cuatro modelos como referencia para compararlos con la forma y el tamaño de los objetos que se pretende agarrar.

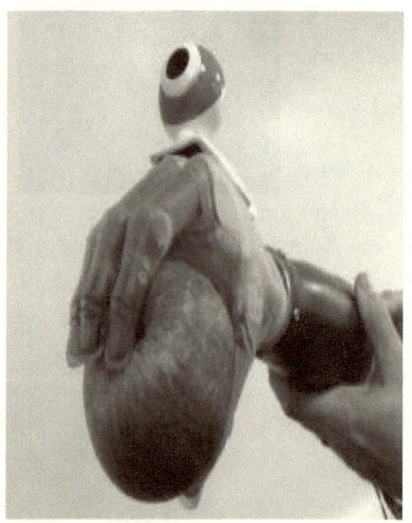

De momento, esta mano biónica ha sido probada por dos voluntarios que habían sufrido la amputación de uno de sus brazos, y los resultados han sido realmente espectaculares, ya que sentían que podían coger cualquier objeto de una forma casi instintiva.

Ahora el sueño de sus creadores es perfeccionar este prototipo, y comenzar a trabajar en otro aún más ambicioso. Aspiran a crear un modelo en el que los electrodos de la prótesis se fusionen con las terminaciones nerviosas del brazo de tal modo que el cerebro y el miembro artificial tengan comunicación directa.

¿Lo lograrán?

En un futuro, se podrá tener hijos a cualquier edad con óvulos artificiales.

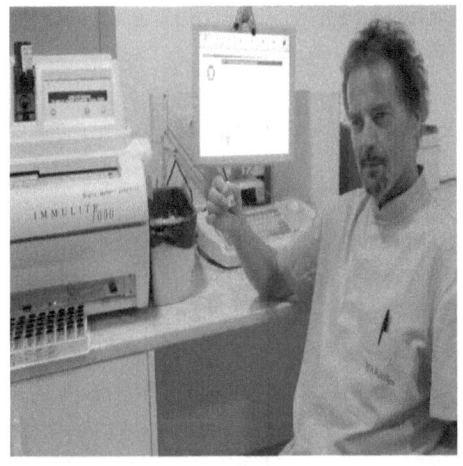

Su nombre pasará a los anales de la medicina reproductiva mundial por conseguir, en 1982 (dos años antes que en España), el primer bebé nacido por Fecundación in Vitro (FIV) en la República Checa. Once años después, el ginecólogo Jan Tesarik, logró el primer nacimiento mediante micro inyección intracitoplasmática de espermatozoides (ICSI), técnica que consiste en la inyección de un espermatozoide en el óvulo mediante una micro aguja. Transcurridos 35 años de su primer hito científico, Tesarik, director y fundador de la Clínica MAR&Gen de Granada, reflexiona en una entrevista concedida a ABC sobre el futuro de la especialidad. Está convencido de que el debate no debe centrarse en los vientres de alquiler sino en la posibilidad de engendrar vida en úteros artificiales, algo que, según afirma, «será una realidad en menos de una década».

Las técnicas de reproducción asistida han avanzado a pasos agigantados en estos últimos años. Se han experimentado úteros artificiales en animales e incluso se ha mantenido un embrión en un entorno artificial durante 14 días ¿Es ese el principal reto de la reproducción asistida, la posibilidad de hacer crecer un embrión fuera del útero de la mujer?

-El desarrollo del útero artificial es uno de los retos de la reproducción asistida. Va dirigido a un grupo de pacientes bien definido (mujeres sin útero o que tienen útero no funcional y parejas gay). El colectivo de candidatos a esta técnica está claro aunque no se trata de la mayoría de pacientes que precisan ayuda médica a la procreación. La ciencia avanza para que en un futuro, tanto los óvulos como los úteros, puedan ser reconstruidos artificialmente.

-Un feto puede sobrevivir fuera de la madre a partir de la semana 22. Lo realmente complicado es, al parecer, mantener su viabilidad en las primeras semanas. ¿En qué línea se está trabajando para lograr ese objetivo?

-Tenemos ideas bastante claras en cuanto a los métodos a utilizar para mantener embriones fuera del cuerpo materno al inicio de su desarrollo y a su fin. Lo que falta es saber cómo cubrir las necesidades del embrión y del feto entre estos dos extremos. En el inicio se trata sobre todo de proporcionar a los embriones un soporte tridimensional en el cual pueden crecer y diferenciar sus líneas celulares básicas. En el fin es importante procurar a los fetos una oxigenación y alimentación adecuada. El reto será dominar la fase intermedia, durante la cual habrá que aportar los estímulos adecuados para el crecimiento del organismo y la evolución de sus órganos.

-¿Cuándo será posible la ectogénesis completa?

-Visto el progreso en este campo en los últimos años me parece que a no más tardar en una década los úteros artificiales serán una realidad.

-La emancipación laboral de la mujer ha supuesto grandes ventajas pero también ha hecho que se retrase de forma importante la edad de la maternidad. ¿Es eso bueno?

El retraso de la edad de la maternidad no es ni bueno ni malo. Es simplemente una tendencia que hay que tomar en consideración y los ginecólogos tenemos que estar preparados para afrontar esta situación. Las posibilidades

son varias. Entre ellas la criopreservación de embriones u óvulos para ser utilizados cuando en futuro la calidad de óvulos de la mujer baje. Si no se contempla esta opción, hay otros métodos como por ejemplo el protocolo CARE, que ofrece tratamientos de reproducción asistida personalizados a las mujeres con problemas de fertilidad. La donación de óvulos es siempre el último recurso. Sin embargo, la investigación científica va el camino de la formación de óvulos «artificiales», utilizando el material genético de otros tipos de células de la paciente. Esta técnica hará posible concebir un niño con su propio material genético a mujeres de cualquier edad.

Diez trucos para optimizar las búsquedas de Google.

Buscar en Google es la cosa más habitual del mundo, un gesto a la orden del día en el que se pueden invertir muchos minutos al día y no siempre con buenos resultados. Para evitar perder el tiempo delante del buscador, existen trucos que ayudan a mejorar las búsquedas, que sean más exhaustivas y eficaces:

1. Signos de puntuación.

Puntos, comas, tildes, signos de exclamación e interrogación al principio de la búsqueda... No hay que preocuparse por estas cosas, porque no afectan a la hora de buscar contenido. El lema de Google es cero complicaciones, por lo que el buscador no tendrá en cuenta lo bien (o mal) que se escriba. Tampoco afecta el uso de mayúsculas y minúsculas o escribir caracteres especiales como @#%^*()=+[], a no ser que alguno de ellos sirva para ejecutar un comando o búsqueda especial (el asterisco a modo de comodín, por ejemplo).

2. Errores ortográficos.

Tampoco hay que ser estricto con la ortografía, puesto que el corrector ortográfico de Google utiliza de manera automática la ortografía más correcta o más común para aquello que se busca (esto último sirve para palabras homógrafas). No importa si se escribe gooogle en lugar de google o "había" en lugar de "había". Además de que los resultados son los mismos, después de realizar la búsqueda, justo debajo del recuadro se muestra un cartel que pone «resultados de» seguido de la palabra en cuestión.

3. Palabras claves.

Antes de empezar a teclear, hay que pensar en qué es lo importante. Las respuestas serán las palabras clave, que no dejan de ser un conjunto de palabras que describen lo que se busca. Son palabras genéricas que actúan juntas de forma suficientemente específica como para dar un resultado. Por ejemplo, si se quiere buscar un vuelo barato para viajar a Cancún, no hace falta escribir más que "vuelo barato Cancún", sin determinantes, adjetivos, adverbios o preposiciones.

4. Herramientas de búsqueda.

Las herramientas de búsqueda son importantes y muy útiles en algunas ocasiones. Tras escribir lo que se desea encontrar, justo debajo del cuadro de búsqueda hay un botón que pone «Herramientas». Ahí se puede restringir la búsqueda por país o cambiarlo, pero también es posible modifica el idioma en el que se hace la búsqueda y acotarla a una fecha o periodo concreto.

5. Términos de búsqueda.

Siguiendo con el lema cero complicaciones, el buscador de internet más universal no necesita muchos términos de búsqueda para ejecutar su labor. Con una sola palabra puede ser suficiente, pero lo normal es que usar dos o más palabras para definir mejor el objeto de la búsqueda y obtener muchos más resultados y más precisos. Y es que cada vez que se añadan palabras (y cuantos más vocablos se añadan) más se restringirá la búsqueda y más fácil será dar en la diana con el resultado que se pretende buscar.

6. Lenguaje web adecuado.

Hay que procurar escribir en términos genéricos, adecuando las palabras a la web y sin personificar las consultas, para obtener mejores resultados. Un motor de búsqueda funciona haciendo coincidir las palabras que se escriben con la información que alberga internet. Por ejemplo, si se busca un remedio casero para paliar el dolor de cabeza, es mejor poner algo genérico como remedios caseros dolor (de) cabeza y no algo del tipo "me duele la cabeza qué remedios caseros hay".

7. Palabras descriptivas.

Cuanto más genérico, más resultados. Eso sí, con cuidado: las palabras deben ser descriptivas aunque se quiera hacer una búsqueda amplia porque, si no, no se obtendrán resultados relevantes. El ejemplo más claro lo pone Google en su página de ayuda. No es lo mismo buscar sonidos famosos si se quiere encontrar un tono de llamada popular, que introducir en el cuadro de búsqueda "tonos llamada populares". La búsqueda sigue siendo amplia para obtener resultados, pero como las palabras usadas describen bien lo que se necesita, dichos resultados serán más útiles.

8. Búsqueda avanzada.

Saber cuándo se debe utilizar la búsqueda avanzada es muy útil. Se trata de una herramienta de búsqueda relativamente intuitiva en la que se pueden añadir más o menos filtros según las necesidades, por lo que puede ir bien si no se encuentra lo que se quiere una búsqueda convencional. En este tipo de búsquedas se pueden modificar parámetros como palabras o frases exactas,  exclusión e inclusión de palabras, números, filtrar resultados por dominios, idiomas, regiones o actualizaciones, etcétera.

9. Páginas seleccionadas.

Un truco bastante útil es utilizar un comando u operador para buscar páginas que tengan un contenido similar al de otra. De esta manera, escribiendo "related:" seguido de una URL se pueden obtener resultados parecidos que pueden ser de mucha utilidad. Un ejemplo muy claro a la hora de utilizar este operador es la búsqueda de recetas. Por ejemplo, si hay una página web con la receta del guacamole, pero no se explica bien o se busca una segunda versión, se puede usar seguida de "related:" para dar con otro sitio web que la tenga y comparar.

10. Intervalos entre números o fechas.

Algo que desconoce mucha gente es que hay un pequeño truco para buscar intervalos con números, ya sean fechas, precios u otro tipo de cifras, y poder acotar los resultados de las búsquedas en función de ellos. Es algo tan simple como escribir el intervalo en cuestión con dos puntos entre medias de las cantidades (por ejemplo, 300..500). Este truco es especialmente útil para dar con acontecimientos históricos que ocurrieron en determinados periodos de tiempo o para que solo salgan resultados de compras entre dos precios si hay un presupuesto limitado.

Los drones se acercan a tener el cerebro pequeño, pero eso no es malo.

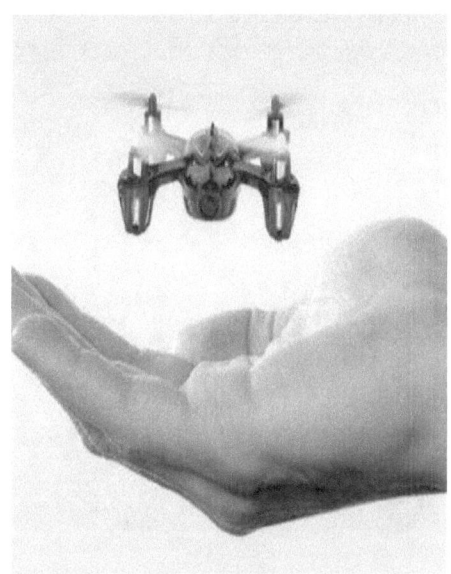

Puede venir a la memoria aquel capítulo de «Black Mirror» en la que pequeños drones en forma de abejas pululan por las ciudades. En la apocalíptica serie se plantea una distopía en la que estos necesarios insectos se han extinguido. Sin ser tan cruel, estas aeronaves no tripuladas se encuentran en plena efervescencia legal y social. Investigadores y desarrollos trabajan, además, para dotarle de capacidades autónomas y con sistemas antigolpes. Y un nuevo paso viene de la nanotecnología y la miniaturización de los componentes.

Ingenieros del Instituto Tecnológico de Massachusetts (MIT), lugar de donde surgen muchas de las grandes ideas que conocemos, han trabajado con denuedo para dar el primer paso en el diseño de un chip informático que aprovecha una pequeña fracción de la potencia requerida por los drones de mayores dimensiones y puede adaptarse un equipo tan pequeño como un tapón de botella o, incluso, una abeja. Esto puede contribuir a que en un futuro la miniaturización de estos aparatos que ofrecen infinitas aplicaciones para la vida social y la industria alcance retos, por ahora, soñados.

Si bien es cierto que a nivel comercial se observan diseños pequeños éstos no alcanzan a replicar las mismas prestaciones que sus «hermanos» mayores. Porque, hasta ahora, se había trabajado para reducir la tecnología de los aviones no tripulados gracias a los sensores y cámaras más pequeñas disponibles a gran escala. Sin embargo, con este método, además de lograr que todos los componentes sean de menor tamaño, se podrán lograr chips más pequeños, inteligentes y eficientes, es decir, que sus «cerebros» puedan adaptarse de una manera más óptima a las dimensiones de cada drone.

El nuevo sistema permite procesar imágenes de flujo a 20 fotogramas por segundo al tiempo que establece, de manera automática, las instrucciones necesarias para ajustar la orientación del dron con tan solo emplear dos vatios de potencia. Todo un desafío que plantea grandes oportunidades. En general, los chips informáticos estándar utilizados para cuadricópteros y otros drones de mayor tamaño procesan una enorme cantidad de datos procedentes de las cámaras y sensores instalados. A su vez, los interpretan de manera automática para dirigir de forma autónoma la velocidad y la trayectoria. Y, para ello, estas computadoras con alas utilizan entre 10 y 30 vatios de potencia, suministrada necesariamente por baterías.

Lo que ha conseguido ahora es mantener esas capacidades pero en un espacio más pequeño. Los investigadores han utilizado una nueva tecnología que han bautizado como «Navion» y que consiste, grosso modo, en un algoritmo de baja potencia que aprovecha un hardware especializado. «Podemos conseguir un ahorro de energía», sostiene en un comunicado Sertac Karaman, profesor de aeronáutica y astronáutica del MIT. «Estamos descubriendo un nuevo enfoque, que implica pensar en hardware y algoritmos de forma conjunta para reducir el tamaño del procesador».

En su opinión, tradicionalmente se diseña primero un algoritmo y se aplica, posteriormente, a un hardware para averiguar cómo adaptar el algoritmo al hardware. «Pero al diseñar el hardware y los algoritmos juntos, podemos lograr ahorros de energía más sustanciales», añade Vivienne Sze, profesora de computación. Los expertos creen que es el primer paso para fabricar «el dron inteligente más pequeño que puede volar por sí mismo» de cara a, entre otras cosas, ayudar en misiones desastres, de búsqueda y rescate.

Parclick, una «app» para reservar un aparcamiento.

El ecosistema de las aplicaciones es tan inmenso que resulta cada vez más complicado localizar los servicios interesantes y prácticos que cubren una necesidad. Ante las dificultades de encontrar un hueco en la calle de las ciudades, cada vez más saturadas e insostenibles por el tráfico rodado, existen diversas herramientas que, cuanto menos, plantean una ayuda a la hora de utilizar el coche.

En ese sentido, la idea de la «startup» española Parclick es sencilla: mediante una aplicación disponible para los dispositivos basados en el sistema operativo iOS los usuarios pueden reservar plaza de aparcamiento fácilmente. La compañía ha lanzado recientemente esta «app» que permite que el usuario acceda cómodamente desde su dispositivo a unas 250.000 plazas de aparcamiento ubicadas en España, Francia, Italia, Portugal y Holanda.

Bajo la promesa de «ahorrar tiempo y gestionar la reserva del aparcamiento antes de salir de casa», el servicio ofrece funciones de búsqueda para filtrar y organizar todos los aparcamientos. Está disponible en cuatro idiomas (español, inglés, francés e italiano) para unas 180 ciudades europeas. Además, a través de la «app» se puede comparar incluso distintos parkings y plazas para encontrar el que más satisfaga las necesidades.

El conductor puede elegir desde su móvil cuándo quiere dejar su coche, el tamaño de la plaza de su vehículo y el lugar en el que se encuentra el parking (segmentado por su posición actual gracias a la geolocalización, o por calle, ciudad, hotel, atracción turística, así como aeropuertos, estaciones de tren...) y con todas las ventajas de la web: estacionamiento por horas, días o semanas y con la posibilidad de adquirir bonos mensuales para poder aparcar cerca de casa o el trabajo.

«El lanzamiento de la aplicación ha supuesto un gran hito para nosotros, que damos un paso más en nuestra apuesta por hacer más cómoda la vida de los conductores, ofreciendo un servicio de calidad que hoy, más que nunca, tienen en la palma de su mano», señala en un comunicado Luis París, director general de Parclick.

El curioso truco para compartir música en los estados de WhatsApp.

Hay veces que la cosa más artesanal supera las carencias técnicas. Pese a que no han cuajado del todo, los estados de WhatsApp, el servicio de mensajería efímera de la conocida aplicación, sirven en muchas ocasiones para que los usuarios compartan citas célebres o mensajes cargados de filosofía.

Pero, aunque la «app» no lo permite de manera oficial, hay un truco para compartir no sólo imágenes o videos sino música. Tal cual. Y en cuanto lo sepas pensarás, sin duda, «pues cómo no se me había ocurrido...». Y sí, el método más rudimentario puede servir en este caso para compartir durante 24 horas tu canción favorita o, si te pones, la que esté de moda en ese momento (léase «Despacito», de Luis Fonsi).

Los pasos son bien sencillos. Tan sólo hay que abrir la función Stories o Estados y optar por dos opciones: o bien descargarse previamente una imagen totalmente en negro o capturar una fotografía dejando el teléfono móvil inteligente en la mesa para tapar, en la medida de lo posible, la cámara. Lo importante es que sea cuanto más oscura, mejor.

Posteriormente, es necesario reproducir la canción que uno quiera desde el reproductor del «smartphone». Una vez que la tenemos puesta, la cuestión es capturar la melodía con el móvil. Y, para ello, una vez que hemos cargado la imagen en negro, iniciamos la grabación de un video, de tal forma que se estará recogiendo el sonido con una calidad bastante decente sobre un fondo en negro. Una vez logrado todos los pasos se comparte como se haría cualquier historia dentro de WhatsApp. ¡Y querías perdértelo!

Exitoso primer trasplante de manos en un niño en EEUU.

El primer niño del mundo en recibir un doble trasplante de manos ya es capaz de comer, escribir y vestirse solo, 18 meses después de la operación; un éxito, según explicaron sus médicos.

El informe, que ofrece las primeras noticias sobre el estado del paciente -Zion Harvey, de 10 años- fue publicado en la revista médica británica The Lancet. La cirugía, de diez horas, fue realizada en Estados Unidos en julio de 2015 y necesitó la asistencia de cuarenta especialistas.

"Dieciocho meses después de la operación, el niño es cada vez más independiente y capaz de hacer actividades cotidianas", explicó la doctora Sandra Amaral, del Hospital de Niños de Filadelfia donde se llevó a cabo el tratamiento.

"Sigue mejorando con terapia diaria para aumentar el funcionamiento de las manos y con apoyo psicológico", explicó.

"Aunque los resultados sobre el funcionamiento de las manos trasplantadas es positivo y la independencia del chico mejora, esta operación ha sido muy exigente para el niño y su familia", subrayó.

Los médicos le consideraron un candidato ideal para recibir nuevas extremidades porque estaba tomando fármacos inmunosupresores, ya que también había sido trasplantado del hígado.

La inmunosupresión –que puede provocar cáncer, diabetes e infecciones– es clave para que los pacientes no rechacen los trasplantes.

A pesar de ya estar bajo tratamiento, "sufrió ocho rechazos, incluidos episodios graves durante el cuarto y séptimo mes" tras la operación, que fueron combatidos con más medicamentos para mantener lo más bajo posible su sistema inmunológico.

"Nuestro estudio demuestra que es posible trasplantar manos cuando la operación es preparada de forma cuidadosa por un equipo de cirujanos, especialistas en trasplantes, psicólogos y trabajadores sociales", señaló la doctora Amaral.

Harvey fue sometido con dos años a una amputación de manos y pies tras sufrir una septicemia, una infección generalizada por la presencia en la sangre de microorganismos patógenos o de sus toxinas.

Días después de la operación, Harvey pudo comenzar a mover sus dedos, utilizando los ligamentos originales de sus extremidades.

"El crecimiento de los nervios significó que pudo mover los músculos de las manos trasplantadas y sentir seis meses después (de la cirugía), además de comenzar a ser capaz de alimentarse y tomar un bolígrafo para escribir", explica el informe.

A los ocho meses ya usaba tijeras y pintaba con lápices. Al año pudo batear con las dos manos.

Los escaneos han mostrado que su cerebro se está adaptando a sus nuevas manos, mediante el desarrollo de nuevos caminos para controlar los movimientos y experimentar sensaciones.

Los médicos advirtieron, sin embargo, que se necesita más investigación antes de que este tipo de trasplante en niños se generalice.

El primer trasplante realizado con éxito en un adulto se hizo en 1998.

La robotización creará dos millones de empleos netos hasta el 2030 en España.

El temido robot será la clave del crecimiento económico y del bienestar económico de España en los próximos años. Lejos de las visiones agoreras de aquellos que claman contra la tecnificación extrema de los puestos de trabajo un estudio ha puesto cifras y fechas en sus previsiones. Según esta previsión, la robotización de la economía creará más de dos millones de puestos de trabajo entre el 2016 y el 2030 y el PIB per cápita podría elevarse desde los 24.000 euros actuales hasta los 33.000 euros en el 2030. Todo ese panorama será la consecuencia de un aumento medio anual de la productividad del trabajo del 1,3%.

Digitalización.

Los autores del estudio se integran en el denominado Observatorio para el Análisis y Desarrollo Económico de Internet (Observatorio ADEI), iniciativa que nace fruto de la colaboración entre Google, Analistas Financieros Internacionales (AFI) y el Instituto de Economía Internacional de la Universidad de Alicante. Su objetivo es "contribuir al desarrollo de la digitalización de la economía española" y convertirla en "referente internacional". Los autores avalan la conveniencia de la apuesta tecnológica sin recurrir a las tesis de economistas de izquierdas que recuerdan que los robots deben considerarse medios de producción, por lo que la influencia positiva en la economía dependerá de quien detente su propiedad.

Cuarta revolución.

La llamada cuarta revolución industrial tendrá un indudable efecto negativo directo en aquellas tareas y empleos susceptibles de sustitución por máquinas inteligentes. Sin embargo, el estudio advierte que ese fenómeno abre nuevas oportunidades. El estudio se centra en la capacidad para generar nuevos puestos de trabajo de la robotización y llega a la conclusión de que esta capacidad generadora puede llegar a la creación de dos millones de puestos de trabajo hasta el 2030, "con el debido acompañamiento de políticas formativas para los nuevos trabajadores".

Pérdidas y ganancias.

En el caso de empleos ya adaptados a la digitalización, los expertos prevén la creación de 3,2 millones de empleos, más otros 0,6 millones en empleos en puestos que requieren un alto componente humano, y la desaparición de 1,4 millones de empleos en aquellas ocupaciones fácilmente reemplazables por robots.

Recomendaciones.

El estudio del Observatorio ADEI recopila una serie de recomendaciones para facilitar la adopción de las nuevas tecnologías y la incorporación de los valores y principios técnicos de la economía digital en las nuevas generaciones de trabajadores. En particular, alerta de la necesidad de mayores cotas de formación adaptada a ese entorno altamente tecnificado. El estudio concluye indicando que si se adoptasen todas estas medidas, el PIB per cápita podría elevarse desde los 24.000 euros actuales hasta los 33.000 euros en 2030. Ello gracias a un aumento medio anual de la productividad del trabajo del 1,3%.

Liberalización.

Los autores del estudio abogan por una liberalización de la economía como una forma de animar a la transformación de los medios de producción: "Las instituciones deben promocionar la competencia -eliminación de barreras regulatorias o normativas- y vigilar las prácticas que obstruyan la emergencia de nuevas ideas y modelos de negocio (startups, etc.) innovadores". Este liberalismo debe complementarse, según ADEI, con la coordinación de esfuerzos público-privados, con líneas de financiación públicas; financiación privada tipos crowdfunding, fondos de capital riesgo, etc.); y la incentivación del emprendimiento.

Esta visión choca con otras que defienden el apoyo a la robotización de la economía pero aportando una extrema vigilancia por parte de la Administración pública que impida que las nuevas tecnologías queden en manos de pocos actores económicos.

Un 'módem cerebral' busca conectar personas y pc's para revertir discapacidades.

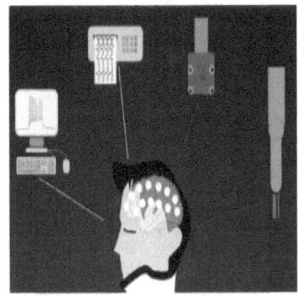

Módem cerebral para conectar el cerebro a máquinas inteligentes o computadoras.

La conexión entre el cerebro humano y las máquinas está cada vez más cerca. Ese es el objetivo de Paradromics, una 'startup' californiana que está diseñando un implante cerebral que, usando la conexión cerebro-computadoras, podrá ayudar a personas con discapacidades como ceguera, sordera o parálisis.

Según sus creadores, este implante funcionará como un 'módem cerebral' capaz de leer y estimular la capacidad cerebral de hasta un millón de neuronas con una velocidad de 1 GB por segundo. El proyecto, llamado NIOB – Bus de Entrada-Salida Neural en inglés–, estará financiado por la Agencia de Proyectos de Investigación Avanzados de Defensa de Estados Unidos (DARPA) con una suma de 18,3 millones de dólares (más de 16 millones de euros).

El implante, que no será más grande que una moneda de 5 centavos de dólar, incluye circuitos flexibles conocidos como 'neurogranos' que se colocarían directamente sobre el cerebro. Su característico nombre se debe a que los circuitos apenas superan el tamaño de un grano de arena, y tienen la capacidad de observar la actividad de miles de neuronas a la vez, así como garantizar una conexión cerebro- computadora en ambos sentidos.

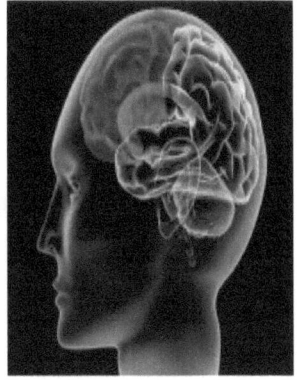

De esta forma, NIOB permitiría enviar las señales de componentes electrónicos en una conexión de banda ancha apta para ser reconocida por el cerebro. En el mejor de los casos, el implante permitiría a un ciego poder ver lo que le rodea con la ayuda de una cámara digital, según vaticina Paradromics en su página web. Esta técnica recuerda a la que se usa en la tecnología de fibra óptica, con la diferencia que el extremo de cada 'neurograno' puede afilarse para que entre en el cerebro sin problemas. Matt Angle, responsable de NIOB, señala en declaraciones a 'Technology Review' que el grosor de estos pequeños cables estará perfectamente calibrado: será lo suficientemente grueso para que pueda introducirse en el cerebro, pero lo suficientemente fino para que no cause daños.

Aunque NIOB podría significar un gran avance en la neurociencia, no es la primera vez que se habla de conexiones neuronales entre el cerebro y un computador. Elon Musk, el fundador de Tesla, avanzó recientemente la creación de Neuralink, una compañía que tiene como objetivo implantar en el cerebro humano sistemas informáticos de inteligencia artificial.

RefAid, una app de ayuda a personas refugiadas y migrantes.

Según datos recientes de la Organización Internacional de Migraciones (OIM) de las Naciones Unidas, para el año 2017 (hasta el 3 de julio) han llegado por mar a Europa 101.210 personas migrantes y refugiadas, huyendo de persecuciones o guerras. De ellas, 2.247 han muerto tratando de cruzar el Mediterráneo. Las que han logrado llegar lo han hecho a Italia (85 %), Grecia, Chipre y España. En este contexto de emergencia, son muchas las organizaciones de ayuda humanitaria que despliegan su acción en los distintos territorios, a las que se suman los grupos de voluntarios y voluntarias y las personas que tratan de aportar su grano de arena con distintas iniciativas.

La magnitud de la crisis humanitaria que se vive en Europa pone a prueba los mecanismos tradicionales de organización y gestión de las ayudas necesarias. «Aquí es donde la tecnología puede ayudar», apuntaba Shelley Taylor, CEO de Trellyz, profesional de referencia entre grandes corporaciones tecnológicas internacionales como Cisco, AOL, Microsoft o Yahoo. Taylor consultó previamente a algunas de las organizaciones que actúan en los distintos países implicados, como ACNUR o Cruz Roja, para conocer cuáles eran sus necesidades más importantes, en términos de comunicación, y junto a su equipo puso manos a la obra para generar una aplicación en menos de un fin de semana. RefAid – Refugee Aid App from trellyz on Vimeo.

Refugee Aid App (RefAid) es una plataforma y, a su vez, una app, que pone al servicio de las ONG un sistema de gestión de contenidos, información y comunicación que permite ubicar y geolocalizar, en tiempo real, la tipología de ayudas y servicios que ofrece cada una de ellas y observar en qué lugares se está necesitando con carácter urgente y qué tipo de demandas se llevan a cabo. Esto es posible porque la aplicación es utilizada de manera anónima por personas refugiadas y migrantes que, simplemente introduciendo un correo electrónico, acceden a los distintos servicios y pueden llevar a cabo sus peticiones a través de sus propios dispositivos. Proteger la identidad del usuario/usuaria es importante para que se animen a utilizarla, ya que muchas de estas personas, tras haber pasado por experiencias muy duras, temen dirigirse a los cuerpos de seguridad ya que, en el peor de los casos, pueden ser retornadas a sus países de origen.

A través de RefAid es posible enviar recursos de ayuda por ubicación y/o categoría como atención médica, alimentos, agua, refugio, ayuda legal, etc. Y, además de ser útil para los refugiados en el momento de llegar a Europa también lo es cuando logran alcanzar su destino final y necesitan ayuda para afrontar su nueva vida en un país que no es el suyo. La plataforma, que ya usan más de 400 ONG en todo el mundo, supone contar por primera vez con una sola fuente de información y recursos; con

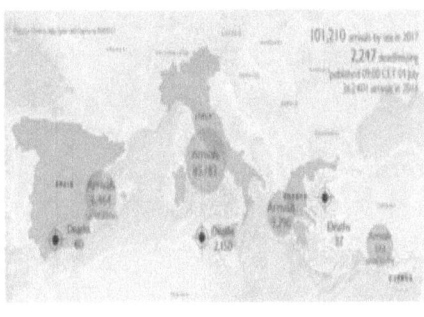

una única interfaz que permite coordinar esfuerzos, identificando a las organizaciones que actúan en cada zona, ubicando los puntos de asistencia y facilitando información útil a las personas refugiadas sobre las ayudas que están a su disposición.

Esta app forma parte de la categoría Activismo político y social en la appteca de apps4citizens, una plataforma que tiene por objetivo promover el uso de las aplicaciones como un instrumento tecnológico al servicio de la ciudadanía, que funciona a través del compromiso social colectivo. Si quieres conocer más sobre el proyecto, entra en la web de apps4citizens y sigue nuestras cuentas de Twitter y Facebook.

UE da luz verde a un acuerdo global para reducir los gases HFC.

El Consejo de la Unión Europea (UE), que reúne a los Estados miembros, adoptó hoy el acuerdo conocido como "Enmienda de Kigali" para eliminar gradualmente los hidrofluorocarbonos (HFC), unos gases que tienen un fuerte impacto sobre el calentamiento del planeta.

La aplicación de la medida, una enmienda del Pacto de Montreal de 1987, podría evitar un aumento de medio grado en la temperatura de la Tierra durante este siglo gracias a la reducción del consumo y producción de estos gases utilizados en sistemas de refrigeración, espumas y aerosoles.

Según indicó el Consejo en un comunicado, la decisión de hoy contribuye a lograr los objetivos del Acuerdo de París y demuestra la "determinación continua" de los Veintiocho para liderar la lucha contra el cambio climático.

"Los HFC son miles de veces más dañinos para el clima que el dióxido de carbono", declaró el ministro estonio de Medio Ambiente, Siim Kiisler, cuyo país desempeña la presidencia rotatoria de la Unión Europea en el segundo semestre de 2017.

Las primeras reducciones en el uso de los hidrofluorocarbonos entre los Estados miembros deberán realizarse en 2019, precisó el Consejo, si bien añadió que una regulación adoptada en 2014 en la UE ya permitió a los Veintiocho disminuir su empleo en 2015.

Aun así, la regulación comunitaria deberá revisarse para cumplir con el nuevo documento internacional más allá de 2030.

Además, los Estados miembros están realizando sus respectivos procesos de ratificación, pues necesitan la aprobación de los parlamentos nacionales, precisó la institución comunitaria.

La enmienda entrará en vigor el 1 de enero de 2019 tras la ratificación de, al menos, veinte países u organizaciones regionales de integración económica que formen parte del Protocolo de Montreal.

Si ese requisito no se cumple en 2019, la enmienda se aplicará 90 días después de la fecha en la que se haya alcanzado esa condición.

Los hidrofluorocarbonos son uno de los mayores agentes generadores del efecto invernadero, ya que retienen una cantidad de calor "miles de veces" superior a la que atrapa el dióxido de carbono y tienen una larga permanencia en la atmósfera, según el Programa de Naciones Unidas para el Medio Ambiente (PENUMA).

Sus emisiones están creciendo a un ritmo de un 10 por ciento anual, especialmente en los países en desarrollo con una clase media en expansión y climas cálidos.

Vacaciones: ¿Cómo ser padres en un mundo con Internet?

Con la llegada del receso escolar los niños disponen de gran cantidad de tiempo libre que cada vez más se ocupa con actividades relacionadas con la tecnología, ya sea por la utilización de Smartphone, tabletas, consolas de videojuegos, etc. ESET, compañía líder en detección proactiva de amenazas, comparte algunos consejos para que los padres estén preparados y así puedan acompañar y guiar a sus hijos en sus interacciones en Internet.

"Si un hijo sabe más que los padres acerca de la tecnología, eso no significa que también sepa más sobre seguridad personal. Los niños y los adolescentes suelen ser bastante indiferentes acerca de los riesgos de la tecnología, ya que crecieron con ella. Sin embargo, no tienen la experiencia de vida que tienen los padres", mencionó David Harley, Senior Research Fellow de ESET.

Dentro de los principales tips para padres que acercan los expertos de ESET, se encuentran:

Aprender sobre seguridad para poder educar a los hijos. Esto también incluye la ciberseguridad. Si bien hay que acompañarlos en sus primeras interacciones también hay que enseñarles a protegerse para los momentos en que los padres no estén presentes. Es una buena idea inculcarles un sentido de precaución, haciendo las restricciones necesarias y explicándoles la razón, de manera que entiendan los riesgos que existen en Internet.

Dejar en claro que las personas con las que se reúnen y hablan online no siempre son quienes dicen ser. En Internet es muy fácil pretender ser alguien que no se es. En las redes sociales, por ejemplo, a menudo no hay controles de identidad y muchas veces solo basta con que la persona se registre usando información falsa. Es primordial prevenir el daño, y alertar a los menores sobre la posibilidad de que este tipo de situaciones sucedan y extraños intenten engañarlos para contactarse con ellos.

Hablar sobre las redes sociales y la privacidad. Es esencial mantener "activas" las conversaciones sobre las redes sociales tanto para conocer cómo las utilizan (con quién conversa, sobre qué temas, etc.) así como para abordar los peligros asociados, tales como el grooming o cyberbulliyng. Es importante explicarles por qué compartir la información personal debe limitarse en las redes sociales, ya que estos datos se pueden copiar fácilmente y seguir compartiéndose, incluso después de que el usuario eliminó el post original.

Asegurarse de que todos los dispositivos móviles estén seguros y protegidos. Existen aplicaciones como ESET control parental, que ayudan a supervisar la actividad online de los más chicos. Esta tecnología les permite a los mayores proteger a sus hijos mientras utilizan smartphones y tabletas, al mismo tiempo que los ayuda a controlar la factura telefónica impidiendo las compras integradas en aplicaciones móviles. La misma puede adaptarse a cada tipo de familia: los padres pueden, por ejemplo, modificar la configuración según la edad de cada hijo. Además, junto a los hijos pueden ponerse de acuerdo en la configuración más apropiada para ellos. Esto no sólo los hacen más responsables sino que también les permite sentirse más cómodo con las libertades que se le dan.

China bloqueó parcialmente el uso de Whatsapp.

En 2017 aún hay países que no toleran la entrada y salida libre de información, y China lleva unos años siendo el representante casi por antonomasia de esto junto con Corea del Norte y otras naciones. Ahora, al parecer, le llegó el turno a una de las apps de mensajería más populares a nivel mundial, debido a que China bloqueó de manera parcial el servicio de WhatsApp.

La noticia tiene relevancia no sólo porque se trata del servicio de mensajería con más usuarios activos mensuales del mundo, sino porque es el tercer servicio que se le bloquea al imperio de Zuckerberg y en este caso se trata de dejar a los habitantes del país sin un sistema de comunicación cifrada. Algo que llega además poco después de que se hablase de un bloqueo de VPN previsto para 2018, algo que posteriormente negaron.

El bloqueo es parcial, dado que los mensajes de texto sí consiguen ser enviados pero no aquellos que llevan vídeo, fotos o audios. No obstante, existen usuarios del servicio en el país asiático que se quejan de un bloqueo total.

Así, WhatsApp pasaría a formar parte del "Gran Cortafuegos", que es como se denomina a la totalidad de los bloqueos de páginas web, servicios y plataformas como Instagram o YouTube. Un bloqueo que no sólo permite un mejor control de la información que entra y sale del país, sino que también favorece que productos patrios como QQ o WeChat crezcan con más facilidad.

Detectan ondas radiales desconocidas a 11 años luz de distancia.

El Observatorio de Arecibo, de la Universidad de Puerto Rico, realizó en las últimas semanas la detección de extrañas ondas de radio a 11 años luz de distancia, cuyo origen no tienen una explicación conocida. Se produjeron en el entorno de una estrella, la enana roja Ross 128.

Todo comenzó durante una campaña científica destinada a observar estrellas enanas marrones que posean planetas en su órbita, entre abril y mayo de 2017. Unas observaciones que podrían proporcionar información sobre la radiación y el entorno magnético alrededor de estas estrellas; o, incluso, detectar la presencia de nuevos planetas. La observación se estaba realizando a diferentes enanas marrones: Ross 128, Gliese 436, Wolf 359, HD 95735, BD +202465, V * RY Sexo y K2-18. Sólo Gliese 436 y K2-18.

Dos semanas después de estas observaciones, los científicos advirtieron que había algunas señales muy peculiares en el espectro dinámico de 10 minutos que obtuvieron de Ross 128, observado el 12 de mayo. Las señales consistieron en pulsos cuasi-periódicos no polarizados de banda ancha con características de dispersión muy fuertes.

La explicación no es sencilla. Según el profesor Abel Méndez, director del Planetary Habitability Laboratory de la Universidad de Puerto Rico: "las señales no son interferencias locales de radiofrecuencia (RFI), ya que se producen únicamente en el entorno de Ross 128 y no en el de otras estrellas. Las observaciones de otras estrellas inmediatamente antes y después no muestran nada similar".

¿De dónde proceden estas emisiones? Los científicos no conocen el origen de estas señales, pero hay tres explicaciones posibles.

La primera de ellas es que las emisiones de Ross 128 son similares a las llamaradas solares que tienen lugar en otras estrellas, como nuestro sol: las erupciones solares de tipo II. En segundo lugar, que las emisiones proceden de otro objeto más lejano, pero que entra en el campo de visión de Ross 128. Por último, que las emisiones estallan desde un satélite de alta órbita, ya que los satélites de órbita baja se mueven rápidamente fuera del campo de visión.

"Tenemos un misterio aquí y las tres explicaciones principales son tan buenas como cualquiera en este momento". El equipo continúa investigando el entorno de la enana roja, y espera encontrar pronto el origen de dichas emisiones.

Sarahah, la app para criticar de forma anónima divide a los usuarios.

Dicen que siempre hay que decir la verdad, ser sincero y mostrar las cosas como son, pero no siempre es adecuado hacerlo a la cara o uno no se atreve. Pero, ¿y si pudieras conseguirlo de forma anónima, de manera que pudieras ayudar con tus comentarios a alguien que lo necesita o darle consejos sobre un problema? ¿O incluso que fueras tú mismo quien recibiera esos mensajes secretos?

Ahora se puede gracias a la aplicación Sarahah (que en árabe significa "honestidad"), creada por el programador saudí Zain al-Abidin Tawfiq y que fue lanzada de forma gratuita al mercado móvil el pasado mes de febrero. El éxito fue abrumador con unos 2 millones y medio de usuarios en Egipto, 1,7 millones en Túnez y 1,2 millones en Arabia Saudí. Pero ahora parece que este éxito quiere expandirse a nivel mundial y desde que fuera lanzada en junio de 2017 en la Apple Store, se ha convertido en poco tiempo en la aplicación número 1 en descargas. El problema es que cuando un usuario se encuentra en el anonimato para poder criticar, se corre el riesgo de ser excesivamente honesto. A pesar de que Sarahah esperaba que la gente usara la app para ayudar a sus usuarios a conocer sus fuerzas y debilidades, parece que a muchos se les está yendo de las manos y están viendo en esta herramienta una nueva forma de acosar y fomentar el odio. De hecho, algunos comentarios escritos en las opiniones de la app dejan mucho que desear. Este es uno: "Mi hijo se hizo una cuenta y en menos de 24 horas alguien ya había puesto un comentario racista en su perfil y que debería ser atacado. Esta aplicación está sembrando la semilla del odio". Mientras, otros advierten del problema que puede suponer para jóvenes con baja autoestima: "No la recomiendo, a menos que quieras sufrir bullying" o "Padres, no dejéis que vuestros hijos se la descarguen, fomenta el suicidio".

A esto se suma que la aplicación permite compartir estos mensajes en otras redes sociales, como Snapchat, Instagram, Twitter o Facebook, por lo que el mensaje no se queda solo en el móvil de quien lo manda, sino que incluso pueden llegar a distribuirlo en la red. No es la primera aplicación que permite comentar de forma anónima. En 2017, la app "Yik Yak", con un modus operandi parecido a Sarahah, se vio obligada a cerrar tras numerosas críticas y al mal uso que se hizo de ella, fomentando el odio y el insulto fácil, aunque sus fundadores aseguraron en su momento que lo hicieron por cerrar un episodio de su vida.

Pero no todos son malos comentarios. Hay gente que está viendo en la aplicación una forma de reafirmarse en sus fortalezas, de sentirse animado y descubrir que hay gente que le ayuda a ser mejor persona día a día.

A pesar de los comentarios tanto de un lado como de otro, la aplicación se mantiene en primera posición del Apple Store, pero no parece haber alcanzado aún popularidad en Android. Habrá que esperar y ver su evolución, pero una cosa está clara: la curiosidad mató al gato.

Este es el primer dron que visita la estación espacial internacional.

Seguro que muchos, cuando lo han visto, les ha venido a la mente el robot BB-8 de Star Wars, pero no, este es real y no se desplaza por la tierra, sino que vuela. Este dron esférico, que ha recibido el nombre de Int-Ball, ha sido diseñado por la Agencia Japonesa de Exploración Aeroespacial (JAXA) y está siendo probado en la Estación Espacial Internacional para que en un futuro los astronautas no tengan que perder tiempo en grabar los trabajos y experimentos que allí desarrollan. Y es que, se estima que un 10% del trabajo que desempeñan se va en preparar estas grabaciones.

¿Cómo es la Int-Ball?

Con un diámetro de 15 cm, 12 pequeñas hélices y un kilo de peso, el Int-Ball puede moverse en cualquier dirección y tomar imágenes estáticas y en movimiento con una cámara de alta resolución. Además, emplea sensores ultrasónicos, una especie de cámara de navegación basada en imágenes y sensores inerciales (aquellos que miden la aceleración y velocidad angular) para que sus movimientos sean precisos.

Una vez se complete esta primera experiencia, la JAXA planea enviar un dron mejorado para 2018, con una función automática de carga de energía que liberará por completo a la tripulación de sus tareas de grabación diarias. Con tiempo, se espera que lleve a cabo otras funciones a bordo, como comprobar los suministros a bordo de la estación espacial así como ayudar a diagnosticar los problemas técnicos que pueda tener.

¿Te huelen las axilas? Este gadget te alertará cuando apesten.

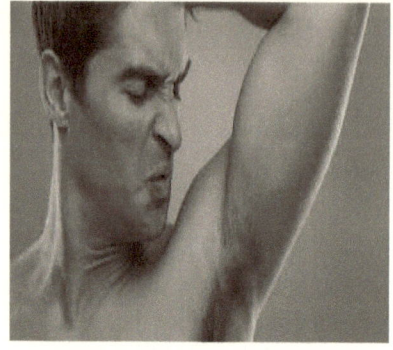

Cuando aprieta el calor y nuestro cuerpo necesita enfriarse, suda. Y lo hace de muchas maneras, por muchos sitios y, en algunas ocasiones, con un olor desagradable que no es apto para narices sensibles (y las que no lo son tanto). En Japón, este problema se ha convertido en un tabú dentro de las oficinas: se sabe que hay compañeros que huelen mal, pero existe cierto pudor a comentarlo en público o a transmitirlo para que se dé con una solución. Simplemente se deja pasar, y cada uno a lo suyo: ver, "oler" y callar. Tal es el problema, que hasta tiene nombre en japonés: sumehara (acoso oloroso) y es descrito como el comportamiento de los trabajadores que molestan con su olor corporal a los otros.

Uno de los que lo sufrían era Daisuke Koda, líder del equipo que ha desarrollado la aplicación. Viendo que no existía nada en el mercado y que era una necesidad dentro de su país, comenzaron a desarrollar una idea de forma más profunda y el resultado es un dispositivo que se llama Kunkun Body (que viene del japonés para referirse a "olfatear"). Está preparado para identificar diferentes tipos de olores en zonas como la cabeza, detrás de las orejas, en las axilas y en los pies. En caso de que detecte un olor desagradable o no apto para seguir trabajando, enviará información inmediata al móvil para decir al usuario que debe atender su higiene personal. Este gadget está solo disponible para compradores japoneses y forma parte de un proyecto de crowdfunding para poder financiarlo al por mayor. De momento, el precio está en unos 230 euros y quienes colaboren podrán recibirlo a finales de 2017.

El problema del olor no es nuevo en Japón. Ya en 2016, Sony sacó a la venta un difusor de perfume portable, como si fuera un walkman, llamado Aromastic, que permitía al usuario elegir el tipo de olor que quería en cada momento.

Leakerlocker: el nuevo virus que amenaza nuestra privacidad en la red.

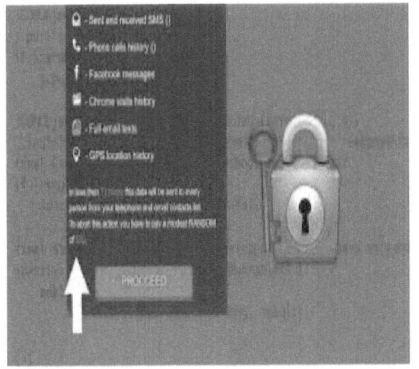

Este nuevo virus juega con tus miedos, que tu gente más cercana pueda saber lo que guardas en tu móvil, lo que buscas en Internet, y no sepas capaz de controlarlo. La comunidad cibernética ya está alertando de los primeros casos y por ello, pide precaución ante la posibilidad de ser atacado por este virus.

Según quienes lo han sufrido, el virus llamado LeakerLocker bloquea la pantalla principal de tu teléfono y afirma que ha hecho una copia de seguridad de cualquier "información confidencial" que haya almacenado en él. Es entonces cuando amenaza con filtrar toda esa documentación a todo aquel que conoces (vía los contactos de tu teléfono móvil), a menos que pagues una cantidad de dinero, unos 43 euros, a los criminales que están detrás.

En principio, la empresa de seguridad informática McAfee apunta que ha detectado este virus en dos aplicaciones en concreto: Wallpapers Blur HD u en Booster & Cleaner Pro. Ambas ya han sido reportadas a Google para que tome medidas.Desde McAfee advierte que si el rasnomware acaba infectando tu móvil ni se te ocurra pagar la cantidad que piden: "si lo haces, estarás contribuyendo a la proliferación de este tipo de negocios, lo que puede provocar un mayor número de ataques. Además, no existe garantía alguna de que la información se libere, pudiendo incluso usarse para chantajearte más adelante". En todo caso, hay gente que ha accedido a pagar y ha conseguido desbloquear el móvil, pero no es recomendable llegar a tal extremo y es conveniente

acudir a un sitio de confianza o contactar con una compañía de limpieza de virus para que den con otra solución.

www.ingramcontent.com/pod-product-compliance
Lightning Source LLC
Chambersburg PA
CBHW032000170526
45157CB00002B/486